U0382121

中国环境规制研究

胡蓉　等著

中国社会科学出版社

图书在版编目（CIP）数据

中国环境规制研究／胡蓉等著 . —北京：中国社会科学出版社，2022.4
ISBN 978 - 7 - 5227 - 0002 - 1

Ⅰ. ①中…　　Ⅱ. ①胡…　　Ⅲ. ①环境规划—研究—中国　　Ⅳ. ①X32

中国版本图书馆 CIP 数据核字（2022）第 054864 号

出 版 人　赵剑英
责任编辑　许　琳
责任校对　谈龙亮
责任印制　郝美娜

出　　　版　中国社会科学出版社
社　　　址　北京鼓楼西大街甲 158 号
邮　　　编　100720
网　　　址　http://www.csspw.cn
发 行 部　010 - 84083685
门 市 部　010 - 84029450
经　　　销　新华书店及其他书店

印刷装订　北京市十月印刷有限公司
版　　　次　2022 年 4 月第 1 版
印　　　次　2022 年 4 月第 1 次印刷

开　　　本　710×1000　1/16
印　　　张　16
字　　　数　216 千字
定　　　价　98.00 元

目　　录

第一章　引言

近些年来，中国经济迅速发展，但环境问题也随之日益严重，环境污染和生态保护已经成为关系中国经济发展的重要议题。中国社会科学院于 2016 年颁布的《2016 年中国环境保护现状与新议题》，说明近年来中国为污染治理、环境保护做出的一系列努力，使得中国的环境问题总体上有所改善，但仍然存在着一些难以根治的隐患。当前的环境总体状况仍然可以概括为"环境污染重、生态受损大、环境风险高"。2016 年前三季度，全国 338 个地级市及以上的空气质量新标准监测显示，中国城市空气质量总体水平有所提升，平均优良天数比例为 80.3%，同比提高 2.6 个百分点，但颗粒污染和臭氧污染问题仍然突出；土壤质量方面，总体上中国土壤的污染仍较为严重，土壤污染超标率达到了 6.1%，其中重度污染占 1.1%；水质方面，地表水水体黑臭化、富营养化问题较为突出。2018 年全国 338 个城市平均优良天数比例为 79.3%，同比上升 1.3 个百分点；细颗粒物浓度为 39 微克/立方米，同比下降 9.3%。截至 2019 年年底，单位 GDP 二氧化碳排放较 2005 年降低 48.1%。

习近平总书记在 2015 年 10 月召开的十八届五中全会上提出"创新、协调、绿色、开放、共享"五大发展理念，把绿色和创新放在了重要位置。同年 11 月，"十三五"规划中明确提出："建立健全用能权、用水权、排污权、碳排放权初始分配制度，培育和发展交易市场。"2017 年 10 月，习近平总书记在中国共产党第十九次全国代表大会上做了《决胜全面建成小康社会，夺取新时代中国特色社会主义伟大胜利》的报告，提出"加快生态文明体制改革，建设美丽中国"，再次强调"构建市场导向的绿色技术创新体系，发展绿色金融，壮大节能环保产业、清洁生产产业、清洁能源产业。"党的十九届五中全会提出，到2035年广泛形成绿色生产生活方式，碳排放达峰后稳中有降，生态环境根本好转，美丽中国建设目标基本实现。

对于如何有效地治理环境问题，世界各国进行过各式各样的努力，对于环境规制问题的认识也逐渐由浅入深，从最初单纯由政府采取强制性行政命令来设置排污标准，到认识到市场激励对于企业自主排污的激励作用，开始利用排污费、排污权交易等手段进行规制，再到各国人民的环保意识逐渐加强，开始自发地组成一些团体，签订一些非官方协议以保护环境，不断的探索使得世界环境问题慢慢得到了改善。

"规制"这一叫法最初来源于英文"Regulation"一词，是指公共机构基于一定法律法规对某些具有自然垄断性、网络性等特点的特定产业或经济领域的微观经济主体直接采取的限制性行为或活动。规制本质上是一种政府管理行为，它具有一定的强制约束性、制度依赖性、有限理性、成本效益性和规制主体约束性等特征。日本经济学家植草益（1992）对规制做出了以下定义："对构成特定社会的个人和经济主体的活动，依据一定的规则采取限制的行为。"

对于环境规制的含义，学术界的认识经历了一个过程。起初，人们普遍认为环境规制仅仅是政府的责任。政府以非市场途径对环境资源利用的直接干预，通过强制性行政命令等手段限制污染企业的排放数量及标准等的行为，内容包括禁令、非市场转让性的许可证制等。其最主要特征为环境规制的所有过程均由政府决策和实施，市场、企业及个人在此过程中没有任何主动权。

后来，人们慢慢发现环境税费、政府补贴、押金返还等方式也会对环境规制起到一定的作用，但这些方式却没有被纳入到环境规制的定义中去。于是，人们扩充了环境规制的含义，将上述经济手段和市场机制也纳入到环境规制的内涵中去。于是，人们对环境规制的含义进行修正，概括为政府对环境资源利用直接和间接的干预，外延上除行政法规外，还包括经济手段和利用市场机制政策等。

随着环境问题的不断加重，仅仅通过国家和政府的力量进行治污已经无法充分改善环境问题，每一个社会公众也责无旁贷。经济的发展，人民生活水平的提高，使得人们对于生存环境的质量要求有所提高，人们的环保意识不断增强，环境诉求逐渐内化到了人们的日常生活之中。20世纪90年代后，出现了一些群众或非官方组织自发的环保行为，如一些自愿协议的签订等，这又使得学者们重新思考环境规制的内涵，对其进行了进一步的扩充，在政府主导的命令型环境规制和以市场机制为基础的激励型环境规制的基础上，又增加了企业、社会公众自发自愿组织和参与的环境规制内涵，学者们将其概括为公众诉求型、自愿型、非正式环境规制等。如表1-1所示，人们对环境规制的认识是由浅入深，逐步递进，逐渐由政府转向社会公众的，规制方式也变得越来越多样化。

本书研究的环境规制，是指政府制定或依据相关法律法规对企业的排污治污行为进行要求和限制，或采取市场引导等方式所进行的规制，也指个人或团体在环保意识不断增强的今天所做出的自发性环境保护举措。

表1-1　　　　　　　　环境规制含义的变化及比较

变化历程	环境规制者	环境规制对象	环境规制工具
基本含义	国家	个人、企业	命令控制型
第一次拓展	国家	个人、企业	命令控制型、市场激励型
第二次拓展	国家、协会、公众	个人、企业	命令控制型、市场激励型、公众参与型、自愿型、非正式规制等

资料来源：张嫚（2006），赵玉民（2009）。

环境规制不仅对环境产生影响，也会对一国的就业、技术创新、全要素生产率、产业结构以及国际出口竞争力产生影响。从理论层面上看，环境规制政策是一把"双刃剑"，比如在影响出口竞争力上，其一方面会增加产业的生产成本，不利于维持产业在国际竞争中的成本优势；另一方面也可能通过倒逼产业进行技术创新和产品升级的形式，提升产业在国际市场中的竞争力。与对出口竞争力的影响相比，环境规制对就业的影响机制就更为复杂，它会通过影响企业的生产成本、生产规模及要素选择等方面，间接地影响企业对就业的吸纳程度。那么究竟提高环境规制的效率与促进各项经济变量的增长，这两个目标是会互相排斥，难以协调，形成"二元悖论"，还是能够互相促进，相辅相成，实现"双重红利"？如何在建设环境友好型社会的同时促使中国的经济正向发展，使二者齐头并进，是值得我们进一步研究的议题。

本书分为五个专题。

专题一：环境规制与可能的成本：来自地区就业的考察

"十三五"规划纲要提出"加大环境综合治理力度"与"实施就业优先战略"的目标，"必须坚持节约资源和保护环境的基本国策，坚持可持续发展"，同时，"把促进就业放在经济社会发展优先位置"，旨在"促进经济社会发展与人口、资源、环境相协调"。可以看出，环境与就业两大问题，关系着我国的国计民生，我国已经将这两大问题放在了国家发展的战略高度上，处理好两者之间的关系，争取实现环境与就业的双赢成为了国家工作的重要目标，是实现我国经济—生态—民生三者和谐共赢的关键所在。

通过对以往文献的梳理，发现此前的研究多是设定一个总体的环境规制变量来进行分析，鲜有将环境规制进行分类来研究其对就业的不同影响，而这种分类研究却是根据中国实际国情和经济发展情况，有针对性地制定环境规制政策的关键所在。从这个研究角度入手，本专题对环境规制进行了分类，将环境规制分为政府主导的命令控制型环境规制，市场机制引导的市场激励型环境规制，以及公众自发形成的公众诉求型环境规制，通过运用面板门槛模型，分别研究了各种类型的环境规制与就业是否为线性关系，同时运用双门槛模型研究了命令控制型环境规制与市场激励型环境规制的相互作用对就业的影响，为环境规制工具的组合和选择问题提供了一定的建议和参考。

专题二：环境规制产生的倒逼机制Ⅰ：对创造性创新的影响

如何兼顾保护环境与发展经济是世界各国关注的焦点。经济可持续发展的核心动力是技术创新，企业的技术创新是解决环境保护和经济可持续发展的根本有效方法。传统观点认为环境规制在解决污染问题的同时，会增加企业成本，减少企业的生产性投资，对企业的技术创新产生负面影响，导致经济发展停滞不前。波特在1991年提出的"波特假说"为规制政策的制定提供了新思路。"波特假说"认为企业在适当的环境规制政策下会加强技术创新，从而降低环境规制对生产的影响。技术创新产生的效益可以有效地抵消环境规制政策给企业带来的生产成本。随着研究的深入，环境规制对技术创新的非线性关系被提出，极大地丰富了环境规制理论。

中国环境规制政策会对技术创新活动产生怎样的影响？环境规制对技术创新的作用不仅受到政治制度、经济发展水平的影响，还受到历史文化、地理位置等因素的影响，环境规制的技术创新效应有怎样的地区差异？这些差异对政府制定环境规制政策有着至关重要的影响。本专题梳理环境规制与技术创新的关系，找出影响区域环境规制与技术创新差异的主要原因，对差异进行对比分析，为各地区制定相适应的环境规制政策提供理论支持与建议。

专题三：环境规制产生的倒逼机制Ⅱ：内部效率的优化

环境规制在增加企业成本的同时，是否能促进企业内部效率的优化，即提高全要素生产率？现有文献大都以各省为研究对象来研究环境规制对工业或具体某个行业全要素生产率的影响，本专题根据各个行业的不同特点把制造业分为两类，分别为污染型制造行业和清洁型制造行业，利用非参数的 Malmquist 生产率指数方法，测算了我国制造业 23 个行业 2003—2015 年 13 年间的全要素生产率，用"三废指标"和工业生产总值来测算环境规制强度。

研究结果表明，从总体上看，我国的 23 个制造业行业的全要素生产率呈上升的趋势，技术进步指数对全要素生产率的影响较大，技术效率指数对全要素生产率的增长贡献较小。根据行业整体的测算结果可知，环境规制与我国制造业全要素生产率呈"倒 U 形"趋势，随着环境规制政策实施的强度增大，全要素生产率也得到了增长，当环境规制强度超过了企业可以承受的程度时，全要素生产率开始下降。从行业分组角度看，污染型行业的环境规制对全要素生产率产生负向影响，清洁型行业的环境规制对全要素生产率的影响回归结果不显著，说明影响是未知的。

专题四：环境规制对国内产业结构的影响

厘清环境规制对产业结构调整的有效传导路径和模式，是实现我国产业升级和环境友好型社会双赢的关键所在。本专题从产业结构转化机制的动因角度分析，得出环境规制能够有效影响产业结构的传导路径。环境规制可以在供给端影响企业的技术创新、进入退出行为、产业转移以及在需求端的消费需求和投资需求，来间接影响产业结构调整。

利用 2000—2015 年中国 30 个省级数据进行面板回归，分别针对环境规制与企业技术进步、企业进入退出行为、产业转移、消费需求和投资需求的五种路径进行面板回归，最后用产业结构的相关指标与企业技术创新、企业进入、产业转移、消费需求和投资需求进行面板回归。实证结果显示，技术创新、企业进入、产业转移、消费需求和投资需求这五种变量都可以显著地影响产业结构调整。同时，环境规制可以显著地影响企业技术创新、企业进入、产业转移和投资需求这四种中间变量，这说明环境规制可以显著地通过这四种传导路径间接影响产业结构，环境规制不能显著地通过消费者环保意识作用于产业结构调整。

专题五：环境规制对国际出口竞争力的影响

近十年来，中国已成为制造业第一大国和出口贸易第一大国，"中国制造"已成为中国出口的一个特定标签。但伴随着"中国制造"遍布全球和出口爆炸式增长，中国制造业的贸易条件也在持续恶化。中国出口一直依赖"低质低价"的发展模式，竞争优势主要来自低廉的劳动成本带来的低价优势，产品质量则是中国出口的短板。在全球分工的价值链体系中，中国产品附加值较低。另一方面，随着资源匮乏、环境污染和生态破坏已成为世界各国经济发展面临的共同挑战，中国在经历长达四十年的经济高速发展和增长之后，生态环境问题更是不容忽视。为解决环境问题，实行环境规制进而发展清洁生产、绿色生产，推动经济的可持续发展已成为社会大众和政府的共识。从"十一五"规划到"十三五"规划，政府始终强调环境治理和保护问题，并逐步增强环境规制力度。在《"十三五"生态环境保护规划》中更是明确提出：通过实施最严格的环境保护制度，总体改善生态环境质量。落实到具体实施层面，政府不仅推出多项控制环境污染的规制政策，同时积极探索市场化规制工具在环境污染治理中的应用，以求缓解环境污染和经济增长之间的矛盾，以便保证实现可持续发展。在当前经济结构深度调整的关键时期，中国的环境规制政策能否在实现绿色生产、保护生态环境目标的同时，培育中国出口竞争新优势，提升中国制造业出口竞争力，成为亟待研究的重要课题。

本专题围绕环境规制和中国制造产业出口竞争力二者之间的关系进行研究，分析了实施环境规制政策所产生的两种效应，分别为遵循成本效应和技术创新效应。遵循成本效应表现为实施环境规制政策对制造业出口竞争力有负作用，技术创新效应则反映出环境规制政策对制造业出口竞争力有正效应。通过构建两部门生产模型，综合考虑两种效应对制造产业出口竞争力的影响，以2007—2015年中国26个制造产业的面板数据为样本，基于扩展的HOV模型，采用系统GMM方法检验环境规制强度对中国制造产业出口竞争力的影响。此外，将制造产业进一步分为重度污染产业和轻度污染产业，进行分行业回归分析，考察环境规制的异质性影响。结果表明，中国环境规制对制造业总体出口竞争力的影响呈"U"形，进一步考虑行业异质性，发现环境规制对重度污染产业的影响呈"U"形，对轻度污染产业的影响呈线性递增关系，我国目前环境规制强度仍处在拐点左侧。

本书的基本结论如下。

第一，不同类型的环境规制手段对就业的影响不同。环境规制按照规制手段分类为命令控制型环境规制、市场激励型环境规制和公众诉求型环境规制。实证结果表明，命令控制型环境规制对就业的影响表现为先促进后抑制，当命令控制型环境规制强度越过某一拐点时，其对就业的影响作用显著为负，所以施行命令控制型环境规制时要注意控制规制的强度，防止过高强度的行政规制对就业带来的负面影响。市场激励型环境规制对就业的影响表现为先抑制后促进，这说明一时的抑制并不能否定市场激励型环境规制这一规制方式，达到一定临界点后，它会对就业起到显著的正向促进作用。同时，市场激励型环境规制对就业的影响显著地存在于基于命令控制型环境规制的"双门槛效应"中。公众诉求型环境规制对就业起到促进作用，能够很好地与其他类型的环境规制相配合。

第二，中国环境规制对技术创新的影响存在明显的地区差异。把中国划分为东、中、西部三个地区。回归结果显示，东部地区与西部地区环境规制与技术创新之间存在"U"形关系，对于中部地区这种"U"形关系还没有显著地表现出来。环境规制有一个拐点，当环境规制强度较低即低于拐点值时，环境规制政策对技术创新活动产生负影响，会抑制企业的技术创新活动；当环境规制强度高于拐点值时，环境规制政策对技术创新活动产生正影响，会促进技术创新活动，这就说明了在东部与西部地区环境规制强度对技术创新水平先抑制后促进的"U"形关系。东、西部的环境规制拐点值不同，东部地区拐点值较低，西部地区拐点值较高，这可能与东、西部地区历史文化、经济发展、风俗等因素不同有关。

第三，环境规制与制造业全要素生产率呈现出非线性的倒"U"形关系，即随着规制制度不断的严格，全要素生产率增加，当环境规制程度增加到某一水平时，全要素生产率增长到最高点，环境规制强度再增强，全要素生产率将下降。通过测算，我们发现技术进步是影响全要素生产率的主要原因，两者之间呈正比，这说明中国制造业的技术水平在提高，但纯技术效率的增长并不明显，仅为0.4%，规模效率有所下降，说明中国制造业还没有实现规模经济，总的来说中国的制造业全要素生产率是有效率的。从行业分组来看，污染型行业和清洁型行业的全要素生产率的增长率分别为5.2%和6.6%，清洁型行业的全要素生产率的增长率要远高于污染型行业。

第四，技术创新、企业进入、产业转移、消费需求和投资需求这五方面都可以显著地影响产业结构调整。同时，环境规制可以显著地影响企业技术创新、企业进入、产业转移和投资需求这四种中间变量，这说明环境规制可以显著地通过这四种传导路径间接影响产业结构，环境规制不能显著地通过消费者环保意识作用于产业结构调整。

第五，中国环境规制对制造业总体出口竞争力的影响呈"U"形。前期环境规制带来的遵循成本效应表现明显，而随着规制水平上升并跨过拐点，环境规制的技术创新效应的作用开始增强，并促进产业升级和出口竞争力的提升。进一步分析发现环境规制效应的发挥的确表现出行业异质性，环境规制对重度污染行业的影响呈"U"形，而对轻度污染行业的影响呈线性递增关系。中国目前环境规制强度仍处在拐点左侧，在继续坚定地推进环境规制政策的同时，要考虑行业的差异性。

第二章 中国环境规制：历史演变与内在逻辑

第一节 中国环境规制体制的变迁

中国的环境规制体制大体经历了从无到有、从弱到强、从不健全到比较健全的发展道路。中国经济体制经历了从集权式计划经济体制、分权式过渡经济体制、混合式市场经济体制等变化和发展时期，中国的环境规制体制也经历了相应的调整和发展阶段。从环境规制体制的具体变化和发展情况来看，主要分为单一计划经济时期的环境规制体制、过渡转型经济时期的环境规制体制和现代市场经济时期的环境规制体制。

一 单一计划经济时期（1972—1981 年）

中华人民共和国成立之初至 1970 年以前，中国作为传统的农业大国，工业水平不高，矿产业、林业、牧业、渔业处在不发达时期，环境污染，特别是工业污染并不突出。当时，环境污染问题并没有引起人们的重视，人们的环境保护认识也不高。1971 年，环境规制体制的特点是权力集中在中央各部委，这种部门"条条框框"的环境规制体制与环境保护的系统性、综合性特点不相符。因此，这种不协调的环境规制对中国环境造成了许多不良影响。

（一）体制起步阶段：1972—1978 年

1972 年联合国人类环境会议召开后，国家计划委员会成立了国务院环境保护领导小组筹备办公室。1973年8月国家计划委员会召开第一次全国环境保护会议，通过了《关于保护和改善环境的若干规定（试行草案）》。这次会议对中国环境保护事业和环境监督规制机构的建设起到十分重要的作用。1974年10月25日，国务院环境保护领导小组正式成立，领导小组下设办公室，由国家建委代管，负责日常工作。由此开始，中国建立了专门的环保机构。该机构的政府官员分别由计划、工业、农业、交通、水利、卫生等部委领导人组成，其主要职责是制定国家环境保护方针、政策和行政规章制度，拟定国家环境保护规划，组织协调并监督和检查各地区、各部门的环境保护工作。该环境保护领导小组下设一个办公室，负责处理日常事务，这是一个不上编制的临时机构。之后，各省、自治区、直辖市和国务院有关部门也陆续建立起环境管理机构和环保科研、监测机构，在全国逐步开展了以"三废"治理和综合利用为主要内容的污染防治工作。国务院环境保护领导小组的成立，标志着中国进入了环境监督规制机构建设的起步阶段。此后，中国一些地区也相继成立了类似的地方环境保护监督规制机构。这个阶段，由于规制立法相对滞后，政府环境保护管理的组织机构规模不大，力量比较单薄，上下左右没有形成严密有利的工作系统。存在着许多与环境管理的实际需要不相适应的问题，环境保护工作步履维艰。国务院环境保护领导小组办公室的组织机构力量同环保工作的性质和任务很不相适应，因此其组织机构必须充实和加强。

（二）体制初创阶段：1979—1981年

1979年9月13日《中华人民共和国环境保护法（试行）》公布实施，该法第26条规定，"国务院设立环境保护机构"，同时规定了其职能；第27条规定，"省、自治区、直辖市人民政府设立环境保护局，市、自治州、县、自治县人民政府根据需要设立环境保护机构。"根据上述规定，成立了省、市两级的环境保护机构。与此同时，国务院有关部门，如石油、化工、冶金、纺织等重要部门，与一些大、中型企业，根据《环境保护法（试行）》的相关规定和实际环境保护的需要，也建立了环境保护机构，主要负责本系统、本部门的环境保护工作。

二 过渡转型经济时期（1982—1992 年）

（一）体制调整阶段：1982—1987 年

1982 年，中央开始了改革开放以来第一次规模较大的行政改革。改革的主要措施有：在中央，按干部"四化"方针选拔干部进入领导班子，减少副职，裁并政府工作部门；废除实际存在的领导干部终身制，开始建立正常的干部离退休制度；下放经济管理权限、财政收支权限、人事管理权限。在地方，各级政府主要推行了调整领导班子、精简机构、紧缩人员编制等改革。1982 年机构改革的主要成果是：提出了干部的"四化"方针，在解决干部队伍老化和领导职数过多方面取得了突破性进展；实行行政首长负责制，并将这一原则写入了宪法。这一阶段的改革为经济体制的全面改革铺平了道路，为此后的行政改革积累了经验，对改革开放的顺利进行起到了重要的保证作用。

1982 年 12 月国务院撤销了环境保护领导小组，全部业务并入新建立的城乡建设环境保护部，该部下属的环境保护局成为全国环境保护的主管机构。随后，绝大部分地方人民政府也将原有的环境保护监督管理机构与城乡建设部门合并。这种调整实际上就是把不上编制的原国务院环境保护领导小组，并入到较高级别的常设机构城乡建设环境保护部，以实现加强环境保护监督管理工作的需求。但是，合并以后由于缺乏统一的认识，反而削弱了环境保护监督管理工作。

为了加强对全国环境保护的统一领导和部门协调，1984 年 5 月，国务院根据《国务院关于环境保护工作的决定》成立了国务院环境保护委员会。国务院环境保护委员会由国务院有关部门的领导成员组成，是国务院环境保护工作的议事和协调机构，组织和协调全国的环境保护工作。国务院环境保护委员会的办事机构设在城乡建设环境保护部。其职能包括研究和审议国家环境保护与经济协调发展的方针、政策和措施，指导并协调解决有关重大环境问题，监督检查各地区、各部门贯彻执行环境保护法律法规的情况，推动和促进全国环境保护事业的发展。省、市、县人民政府也相应设立了环境保护委员会。地方各级人民政府是所辖区内环境规制的最高行政机关，依照法律规定的职责和权限，负责本行政区域内的环境保护工作。1984 年 12 月，城乡建设环境保护部下属的环保局改名为国家环保总局，享有相对独立性，该局也是国务院环境保护委员会的办事机构。这是国家强化环境保护职能的一项重要措施。升格的国家环保总局作为国务院环境保护行政主管部门，在环保系统处于最高的地位，对全国环境保护工作实施统一监督管理。很明显，环境保护部门既是一个综合部门，又是一个监督机构。这一时期，从机构建设的角度看，是处在一个徘徊阶段，这种调整所造成的负面影响，很长一段时间没有得到消除。

（二）体制确立阶段：1988—1992 年

1988 年 4 月，国务院决定将城乡建设环境保护部下属的国家环保总局独立出来，成为国务院的直属局（副部级），该局仍是国务院环境保护委员会的办事机构，统称国家环境保护局。这标志着中国环境质量规制机构建设进入了一个新的发展阶段。

1989 年 12 月 29 日，修订后的《环境保护法》颁布，这是一部综合性环境保护基本法。在该法的第七条中明确规定了中国环境保护监督管理体制，这是一个符合中国国情的统一法律监督管理与分级、分部门监督管理相结合的体制。根据《环境保护法》的规定，国务院设立环境保护行政主管部门，相应的县级以上地方人民政府设立环境保护行政主管部门，同时在国务院有关部门和地方人民政府有关部门中，也先后设立了国家海洋行政主管部门、港务监督、渔政渔港监督、军队环境保护部门等。另外，各级公安、交通、铁道、民航管理部门，依照相关法律的规定对环境污染防治实施监督管理。县级以上人民政府，如土地、矿产、林业、农业、水利部门，也相继成立了环境保护监督管理机构，依照相关法律的规定，在本机构职责范围内，对于自然资源保护实施监督管理。

三 现代市场经济时期的体制（1993年至今）

（一）体制发展阶段：1993—1997年

1993年的机构改革是在确立社会主义市场经济体制的背景下进行的，其核心任务是在推进经济体制改革、建立市场经济的同时，建立起有中国特色的、适应社会主义市场经济体制的行政管理体制。改革的重点是转变政府职能，中心内容是"政企分开"。在1993年的国务院机构改革中，环境保护局作为国务院的保留机构，是国务院直属机构（副部级）。这体现了党中央和国务院对环境保护工作的重视。1993年，全国人民代表大会设立了环境保护委员会。在同年进行的地方机构改革后，各省、自治区、直辖市均设置了人民政府环境保护厅、局、办，它们对本辖区的环境保护工作实施统一监督管理。随着中国工业化进程和各项建设事业的发展，污染源、污染面在不断扩大，环境保护部门所担负的管理任务越来越重，管理难度也越来越大。因为《环境保护法》没有赋予环保部门强制执行权，所以环保部门不敢执法，执法手段硬不起来。90年代中期以后，可持续发展被确立为中国的基本发展战略，同时政府也将按照发展社会主义市场经济的要求转变职能。为适应改革的要求，对国务院直属机构和办事机构必须进行调整，重新界定各部门的职能，加强政府对环境规制的职能。

（二）体制完善阶段：1998年至今

1998年4月，根据第九届全国人民代表大会第一次会议批准的国务院机构改革方案和《国务院关于机构设置的通知》，设置国家环境保护总局（正部级）。国家环境保护总局是国务院主管环境保护工作的直属机构，同时撤销了国务院环境保护委员会，有关组织和协调的职能转由国家环境保护总局承担。1988 年国务院机构改革，明确了国家环境保护总局以环境执法监督为基本职能，加强了环境污染防治和自然生态保护两大管理领域的职能。2008 年 3 月，第十一届全国人民代表大会第一次会议，通过了国务院机构改革方案，原国家环境保护总局升格为环境保护部。

随着外界环境以及公众需求的变化，环境规制体制建立后将经历一系列的制度演变。对环境规制而言，政府的决策成本包括准备成本与运行成本，准备成本可以分为沉没成本与转换成本，其中沉没成本是过去制度形成时付出的成本，转换成本是新制度形成时需要付出的成本，运行成本则是过去制度运行时产生的有关成本。沉没成本不直接影响新的环境规制制度的形成，但可以通过转换成本影响环境规制制度的演变。由于旧有制度建立时的沉没成本可能已被其逐渐产生的规模经济抵消，因而制度自我强化效应并不必然发生。从这个意义上讲，不同的环境规制建立基础意味着不同的资源约束与沉没成本，它们与规制实施的制度环境一起通过转换成本和运行成本产生影响环境规制制度的演化过程。

中国环境规制体制构建采取的是自上而下的组织形式，主要推动力来自政府本身，是政府对行政体制安排的自我调整，先天缺乏公众的主动参与。环境规制机构一开始就被定位成政府机构，独立性难以保证。"发展优先""公众缺失""机构失位"等形成了较大的制度演变成本，并对后续进行的环境规制体制改革产生显著影响。

第二节　中国环境规制政策的发展

一　中国环境规制政策开创阶段：改革开放前

新中国成立之初，环境并未成为中国的问题。"一五"计划时期国家优先发展重工业，虽然尽力注意产业布局并有计划地采取防治措施，但是"大跃进"时期"五小"企业遍地开花，同时"文革"期间受"变消费城市为生产城市"的政策引导，城市工业开始大规模发展，环境问题逐渐显现。

随着国内污染事件的频频发生以及国外环境保护运动的推进，中国开始逐渐重视环境保护。1972年国内发生了诸如大连湾污染、北京鱼污染、松花江水系污染等几起较大的污染事件；同年，中国代表团参加了在斯德哥尔摩召开的联合国人类环境会议，会议上提到的国外环境问题的严峻性对中国环境保护的制度设计、污染治理和环境管理等产生了重大影响。环境问题开始引起中央的重视，中国环境保护由此进入开创阶段。主要标志有以下几个方面。

第一，"三同时"制度的提出。

1972年6月，国务院首次提出"三同时"制度。1973年，第一次全国环境保护会议进一步重申了"三同时"制度，并通过了《关于保护和改善环境的若干规定（试行）》，后国务院以国发〔1973〕158号文批转。这是中国第一个由国务院批转的环境保护文件。

第二，限期治理问题的提出。

1973年，国家计委提出：对污染严重的城镇、工矿企业、江河湖泊和海湾，要一个一个地提出具体措施，限期治理好。1978年，国家计委、国家经委和国务院环境保护领导小组共同制定了中国第一批限期治理严重污染环境的重点工矿企业名单。

第三，环保机构的建立。

根据国务院158号文关于"各地区、各部门要设立精干的环境保护机构，给他们以监督、检查的职权"的规定，各地区各部门陆续建立环保机构。1974年，经国务院批准成立国务院环境保护领导小组。

第四，环境保护规划的编制。

1974—1976年，国务院环境保护领导小组提出"5年控制，10年解决"的规划目标。1975年，小组要求各地区、各部门把环境保护纳入长远规划和年度计划。1976年，《关于编制环境保护长远规划的通知》的文件要求把环境保护纳入国民经济的长远规划和年度计划，成为环保规划的依据。

第五，法规的逐步形成。

1973 年 4 月中国颁布了《关于进一步开展烟囱除尘工作的意见》，11 月颁布了中国第一个环境标准《工业"三废"排放试行标准》。之后的几年内又陆续颁布了《中华人民共和国防止沿海水域污染暂行规定》等政策法规。1978 年，中国《宪法》第一次对环境保护作出规定，规定"国家保护环境和自然资源，防止污染和其他公害"，为环境保护法制化建设奠定了基础。

第六，群众运动的兴起。

正如一些环保文献中描述的，"发动群众，组织社会主义大协作，开展综合利用"，"开展消烟除尘的群众运动"等。通过群众运动进行环境保护是计划经济时代的特征，也成为中国开展环境保护工作初期的一大特色。

二 中国环境规制政策发展时期：1979—1991 年

十一届三中全会确立了全党全国的工作重心转到社会主义现代化建设上来。随着国家发展战略转变，环境保护法规和政策等制度建设也开始进入发展阶段。主要体现在以下几方面：

第一，环境保护法律法规的建立。

到 1991 年为止，中国制定并颁布了 12 部资源环境法律，20 多件行政法规，20 多件部门规章，累计颁布地方法规 127 件，地方规章733 件以及大量的规范性文件，初步形成了环境保护的法规体系，为强化环境管理奠定了法律基础。

第二，环境保护被确定为一项基本国策。

第二次全国环境保护会议宣布环境保护是中国的一项基本国策。这对中国环保事业的发展产生了极其深远的影响。

第三，三大政策和八大制度的形成。

1989 年 4 月底召开的第三次全国环境保护会议确立了环境保护的

"三大政策"和"八大制度"。会议同时提出"经济建设、城乡建设和环境建设同步规划、同步实施、同步发展"和实现"经济效益、社会效益与环境效益的统一"的"三同时三统一"环保目标以及"努力开拓有中国特色的环境保护道路"的意见。

第四,环境保护纳入国民经济和社会发展计划。

1982年,国民经济计划改名为国民经济和社会发展计划,环境保护成为"六五"计划的独立篇章。1983年以后,环境保护被写入历年政府工作报告,成为环境保护项目实施和目标实现的重要保证。

第五,环保主管部门成为国务院直属机构。

1984年成立国务院环境保护委员会,其职责为"研究审定环境保护方针、政策,提出规划要求,领导和组织协调中国的环境保护工作"。1984年底城乡建设环境保护部中的环境保护局改为国家环境保护局,仍归建设部管理。1988年国务院机构改革,国家环保局从城乡建设环境保护部中分出,作为国务院直属机构,以加强全国环境保护的规划和监督管理。

第六,环境教育的全面开展。

1980年国务院环境保护领导小组与有关部门研究制定《环境教育发展规划(草案)》,并纳入国家教育计划。1981年国务院环境保护办公室提出把环境教育工作作为培训干部的一项内容,并在秦皇岛成立环境管理干部学校。1990年国务院要求宣传教育部门应当把环境保护的宣传教育列入计划。1991年国家教委讨论把环境科学列入一级学科。所有这些都标志着中国环境教育发展迅速,并朝着制度化、正规化、法制化方向发展。

三 中国环境规制政策加快发展阶段:1992—2002年

1992年邓小平南方谈话后,中国环境保护进入加快发展阶段。

第一,环境保护纳入中央人口工作座谈会的议题。

1991年,针对中国经济社会发展中不断累积的人口资源环境矛盾，江泽民同志建议"两会"期间召开"中央人口资源环境工作座谈会"。座谈会最初的名称为"中央计划生育工作座谈会"，1997年将环境保护纳入议题，1999年正式更名为"中央人口资源环境工作座谈会"。1999年江泽民同志在座谈会上指出，必须从战略的高度深刻认识处理好经济建设同人口、资源、环境关系的重要性。2000年的座谈会上江泽民同志又提出，必须始终把经济发展与人口资源环境工作紧密结合起来，统筹安排，协调推进。

第二，环境立法进程加快。

1992年后，中国先后制定出台了《清洁生产促进法》等5部新法律，修改了《大气污染防治法》等3部法律，国务院制定或修改了《自然保护区条例》等20多件环境法规。制定和修改环境标准200多项。

第三，环境保护战略逐步转变。

1992年以来，先后提出《环境与发展十大对策》《21世纪议程》等文件，并在八届人大四次会议批准《国民经济和社会发展"九五"计划和2010年远景目标纲要》，将环境保护纳入中国经济社会发展的整体加以统筹规划和安排。

第四，提出总量控制和跨世纪绿色工程。

1996年第四次全国环境保护会议及国务院提出实现"一控双达标"目标和开展"332工程"等，关闭"15小"，提出实现环境保护目标的途径是"四个必须"。

第五，利用经济手段保护环境得到重视。

通过产业政策、投资政策、财税政策、价格政策、进出口政策等使节约和综合利用资源的企业受益。

第六，排污许可制度试点。

1992年度，全国除西藏、青海等少数省、自治区和台湾省外，均开展了排放水污染物许可证发放工作。选择太原、柳州、贵阳、平顶山、开远和包头6个城市开展大气排污交易政策试点工作。1993

年开始在全国 21 个省、市、自治区试点建立环保投资公司。

第七，大力推进清洁生产，积极发展环保产业。

1997 年国家有关部门要求企业把清洁生产作为污染物达标排放和总量控制的手段。《国务院关于环境保护若干问题的决定》和新制定、修订的有关法律法规明确提出要大力发展环保产业，并明确指出要给予环保产业减免税收的政策优惠。

第八，制定技术政策，以提高资源利用效率，减少废弃物排放。

中国 2002 制定的《国家产业技术政策》中明确指出要重点推进高新技术与产业化发展，用先进适用技术改造提升传统产业。该政策在新能源技术、能源与环保、原材料、建筑业等发展方向作了规定。1996 年到 2005 年，国家有关部门陆续出台了多项与资源环境有关的技术政策，比如《节能技术大纲》等。

第九，改革环境影响评价制度，企业环境目标责任制不再执行。

国家环保局对建设项目环境影响评价制度进行改革：对开发建设项目进行分类管理；引入竞争机制，试行环境影响评价工作的招标制；试行环境影响"后评估"工作；推动区域环境影响评价工作。从 1992 年开始，国务院决定不再推行企业升级考核评比制度，企业升级的环境保护考核相应取消。

第十，推行环境标志制度。

1994 年全国环境保护工作会议提出建立和推行环境标志制度。1994 年 5 月，中国环境标志产品认证委员会成立。1996 年 1 月，国家环保局实施 ISO14000 系列标准的辅助机构——国家环保局环境管理体系审核中心成立。实施环境标志制度的一个重要举措是推行 ISO14000 环境管理系列标准。

第十一，1992 年成立中国环境与发展国际合作委员会。

1998 年，国家环保局升格为国家环保总局。

第十二，环保教育进一步加强。

1992 年国家环保局与国家教委联合召开第一次全国环境教育工

作会议，明确提出"环境保护，教育为本"。经过多年探索，中国环境教育覆盖基础教育、专业教育、成人教育和社会教育，基本形成了具有中国特色的环境教育体系。

四　中国环境政策的战略发展阶段：2003—2012 年

进入 21 世纪以来，环境保护进入深化发展阶段。

第一，加大执法力度。

2006 年，国家环保总局和监察部发布《环境保护违法违纪行为处分暂行规定》，强化国家各级行政机关和相关企业的环境责任，极大地震慑了环境保护违法违纪者。2003—2006 年，国家环保总局等 7 部门持续开展覆盖全国、声势浩大的整治违法排污企业保障群众健康的专项行动。2005 年 1 月 18 日，国家环保总局叫停 30 个违法建设项目，掀起首轮"环保风暴"。2005—2006 年，查处 22 个违反"三同时"制度的建设项目，2007 年 1 月又通报了 82 个违反环评和"三同时"制度的违规建设项目，并启动"区域限批"措施。2008 年 3 月环境保护部纳入到国务院系统，成为在国民经济全局中极为重要的职能机构，使之在环境决策、规划和重大问题上更能发挥统筹和协调作用。2011 年 12 月 20—21 日，第七次全国环境保护大会提出了环境保护"一票否决"制，强调坚持在发展中保护、在保护中发展。

第二，出台产业政策，贯彻落实节约资源和保护环境基本国策。

2006 年国家发改委密集出台多项规范限制高能耗、高污染行业发展政策，加强对钢铁、水泥等行业的投资和贷款的控制，促进产业结构调整和优化升级。2004 年，财政部、国家税务总局发布关于停止焦炭和炼焦煤出口退税的紧急通知，改变出口退税的政策取向。2005 年国家发改委等七个部门联合发文，控制部分高耗能、高污染和资源性（两高一资）产品出口，停止部分高耗能产品的出口退税。国家将资源节约、循环经济、环境保护等列为国债投资的重点之一，支持节能、节水、资源综合利用和循环经济试点项目。2007 年，国家安排了230亿资金用于节能减排。2009年联合国气候变化大会在哥本哈根召开，商讨《京都议定书》2012年至2020年的全球减排协议，中国在本次会议上承诺"到2020年将单位GDP碳排放量减少40%—45%"。除此之外，国家还安排了农村沼气建设、灌区续建配套与节水改造工程等国债投资。同时支持了一批节约和替代技术、能量梯级利用技术、可回收材料和回收处理技术、循环利用技术、"零排放"技术等重大技术开发和产业化示范项目。

第三，推进生态工业园和循环经济的发展。

2003年，国家环保总局要求建立循环型企业。开展物质的循环利用，能流的梯级利用，废弃物资源化，形成废物和副产品的循环利用生态产业链。规范中央补助地方清洁生产专项资金的使用管理，采取拨款补助办法，支持石化、冶金、化工、建材等重点行业中小企业实施清洁生产。截至2007年6月底，全国共有23197家企业通过了ISO14001认证，推动企业在生产全过程中重视环境保护。

第四，规划环评全面实施。

2005年4月13日，国家环保总局针对圆明园环境整治工程举行了《环境影响评价法》实施后的首次听证会。2006年3月，国家环保总局颁布中国环保领域第一部公众参与的规范性文件—《环境影响评价公众参与暂行办法》。环境影响评价的宏观经济管理"调节器"、防止环境污染和生态破坏"控制闸"、预警宏观经济发展趋势"晴雨表"的作用日益彰显。2006年，国家环保总局经过严格审查，对受理的163件环评报告书（表）做出不予批准或缓批的决定。

第五，成立区域性环境监察机构，环境保护能力得到加强。

2006年国家环保总局组建11个地方派出执法监督机构，"国家监察、地方监管、单位负责"的环境监察体制进入实施阶段。生态环境监察试点在全国107个地区展开。初步形成全国自然保护区网络。核与辐射管理基本处于受控状态，放射源得到初步控制。在2008年机构改革中，国家环保总局升格为环境保护部，进入国务院组成部门。2004 年 6 月，国家环保总局与国家统计局联合启动了绿色 GDP 研究工作，并在全国 10 个试点省市进行了绿色国民经济核算与环境污染损失调查。GDP 计算方式发生变化，政绩考核增加环保内容，地方领导干部政绩观的转变有了更大的推动力量。

五　中国环境政策的稳定成熟阶段：2013 年至今

党的十八大将生态文明建设纳入中国特色社会主义建设"五位一体"总体布局，整体上突出了生态文明建设的特殊地位，明晰了中国环境政策重心转移的方向。尤其在 2014 年后，新环境政策颁布频率大大提高，推进生态文明建设快速发展，环境政策推动可持续发展战略实施，中国平稳过渡至绿色发展阶段。2013 年 1 月以来，全国中东部地区陷入大范围、高强度的雾霾和污染天气中，这使得中国环境保护投入进一步加大，更加注重环境质量的监督与管制。

第一，推进最严格的制度建设。

党的十八大提出，要将生态文明建设纳入中国特色社会主义事业五位一体总体布局，建设美丽中国，实现中华民族的永续发展。党的十八届三中全会要求，围绕建设美丽中国深化生态文明体制改革，加快建立生态文明制度，健全国土空间开发、资源节约利用、生态环境保护的体制机制。

2014 年 4 月 24 日，十二届全国人大常委会第八次会议修订了《中华人民共和国环境护保法》（以下简称《环保法》），并于 2015 年 1 月 1 日起正式施行。这是中国环保领域的基本法自 1979 年试行以来的首次修订。新《环保法》史无前例地加大了对环境违法行为的处罚力度，被媒体评论为"史上最严环保法"。作为环保领域的基础性、综合性法律，它使新时期的环境保护工作更具指导性和可操作性。第十二届全国人民代表大会常务委员会第十六次会议于 2015 年 8 月 29 日修订了《中华人民共和国大气污染防治法》，这部被称为"史上最严"的大气污染防治法，将排放总量控制和排污许可的范围扩展到全国，明确分配总量指标，对超总量和未完成达标任务的地区实行区域限批，并约谈主要负责人。建立重点区域大气污染联防联控机制。同时，贯彻新《环保法》"公众参与"条款，在全社会层面推广低碳生活方式。2015年5月，中共中央、国务院出台《关于加快推进生态文明建设的意见》，作为指导中国全面开展生态文明建设的顶层设计文件，该《意见》对中国推进生态文明建设作了总体部署。首次提出"绿色化"概念，并与新型工业化、城镇化、信息化、农业现代化并列，赋予了生态文明建设新内涵。同年9月，中共中央、国务院印发的《生态文明体制改革总体方案》，作为统领生态文明体制各领域改革的纲领性文件，系统全面地阐述了中国生态文明体制改革总体要求、理念和原则，并通过56条细则，明确了8个方面制度建设具体的改革内容和2020年的建设目标，为未来5年中国生态文明建设工作指引了明确方向。

第二，更加注重改善环境质量。

2013年9月，国务院颁布了《大气污染防治行动计划》（以下简称《大气十条》），要求经过5年努力，实现全国空气质量"总体改善"；2015年4月，国务院颁布的《水污染防治行动计划》（以下简称《水十条》）明确规定了到2020年、2030年和本世纪中叶，全国水环境质量和生态系统的改善目标。与较早展开的空气和水污染治理相比，中国的土壤治污还处于起步阶段。2014年3月，环保部审议并通过了《土壤污染防治行动计划》（以下简称《土十条》），提出依法推进土壤环境保护，坚决切断各类土壤污染源，实施农用地分级管理和建设用地分类管控以及土壤修复工程。2015年8月，中共中央、国务院印发的《党政领导干部生态环境损害责任追究办法（试行）》是一项与生态文明建设专项配套的政策文件，作为中国首例针对党政领导干部开展生态环境损害追责的制度性安排，它标志着中国生态文明建设正式进入实质问责阶段。这些配套文件是环保工作行动层面的任务安排，是推进生态文明建设和加强环境保护的路线图。

第三，积极促进环境共治。

首先，更好地发挥政府在环境保护工作中的作用。中国的环保工作一直以来都依赖政府推进，在建立多元共治的环保治理体系中，政府要让位于市场，回归自己的本位，更好地发挥政府的决策和监管作用。党的十八大后逐步制定完善的目标体系、考核办法、责任追究、管理体制等政策，都是针对各级政府的决策和责任制度。新《环保法》赋予了环保监察部门更多更大的权限和处罚力度，国务院《关于加强环境监管执法的通知》等政策，则是在强化环境监管执法中地方政府领导的责任。"十三五"规划《建议》提出，实行省以下环保机构监测监察执法垂直管理，使地方环保的监管权力与地方利益隔离开来，既能增强监管的力度，又能打破条块分割的管理方式，实现跨区域、跨流域的统筹治理模式，更好地发挥政府在环保中的作用。其次，充分发挥市场的决定性作用。《生态文明体制改革总体方案》提出，健全环境治理和生态保护体系的核心应是市场机制，要激发环境保护的市场动力和活力。新时期环境政策主要从以下三个方面发挥市场的作用：

一是完善绿色税费政策，引导生产消费行为。对再生资源增值税的退税、对资源综合利用企业所得税给予优惠、免征新能源汽车车辆购置税等对绿色环保产品的税收减免优惠政策，鼓励企业对资源进行充分的综合利用，生产环保产品。减免绿色环保产品的消费税，降低消费者购买成本，鼓励选购绿色节能环保产品。而《挥发性有机物排污收费试点办法》《污水处理费征收使用管理办法》以及提高成品油消费税等对高污染产品增收税费的政策，则是要提高企业生产、消费者购买重污染产品的成本，引导企业少生产、消费者少购买高污染的产品。

二是发挥价格的杠杆调节作用。在居民生活领域，2015 年中共中央国务院《关于推进价格机制改革的若干意见》提出，要全面实行居民用水用电用气阶梯价格制度，推行供热按用热量计价收费制度。在工业生产领域，对电石、铁合金等高耗能行业实行差别电价，对燃煤电厂超低排放实行上网电价支持政策，并且进一步推进排污权交易制度、生态补偿制度等，通过价格杠杆，引导企业合理使用资源，节约能源。

三是树立领跑者标杆，建立激励机制。2015 年 7 月，财政部等四部委印发的《环保"领跑者"制度实施方案》提出，每年国家给予环境绩效最高的"领跑者"产品适当的政策激励，获奖者不仅可以获得荣誉称号，还可以使用"领跑者"标志提升企业的环保形象，扩大企业的社会影响力，提升品牌价值。相较于刚性手段，表彰先进、政策优惠等正向激励政策，更能增强企业节能减排的内在能动力，调动企业清洁生产的积极性。

再次，维护公众知情权，加强公众参与，建立社会监督机制。新《环境保护法》在总则中明确规定了"公众参与"原则，并新设立"信息公开和公众参与"一章。《关于加快推进生态文明建设的意见》提出，要"鼓励公众积极参与。完善公众参与制度，及时准确披露各类环境信息，扩大公开范围，保障公众知情权，维护公众环境权益"。其他环境政策也都大力推进大气、水、排污单位、环境执法的信息公开，通过环境信息公开，维护公众环境知情权，在此过程中，开展绿色、生态、环保教育，潜移默化地转变公众环境观念，养成生态自觉，将生态文明内化到个人价值观中，从而激发公众参与环境监督。2015 年 9 月，《环境保护公众参与办法》出台，进一步细化了公民获取环境信息、参与和监督环境保护的渠道，规范引导公众依法、有序、理性参与，促进公众参与环境保护更加健康地发展。

第四，强化环境保护问责机制。

新《环保法》明确各级人民政府是环保责任主体，必须对区域内的公共健康和环境安全负责，并提出要重视问责，将环境问责制度化、机制化，对各级政府和负有环保责任的部门问责事项进行了细化。《大气十条》相关考核办法和《实施细则》将雾霾治理成效作为领导干部综合考核评价的重要依据。2014 年 5 月《环境保护部约谈暂行办法》出台，一年半时间里，环保部一共约谈了 25 个地方或单位，有 18 位市长被环保部就行政区内的环境问题进行约谈，宣告了中国环保问责时代的来临。

随着环境评价被引入官员政绩考核，环境评价的责任范围不再仅限于市长，考核时间也不囿于任职期间，而越来越趋近于终身追究制。2015 年印发的《生态文明体制改革总体方案》提出，要完善生态文明绩效评价考核和责任追究制度。随后《关于开展领导干部自然资源资产离任审计的试点方案》《党政领导干部生态环境损害责任追究办法》等文件出台，这些文件首次提出"党政同责"、领导干部自然资源资产离任审计、损害生态环境终身追责等规定。发生环境污染与破坏的地方，不仅政府领导要承担责任，党委领导也有可能被追究责任。自然资源资产离任审计依法界定了领导干部应当承担的环境责任。对于那些不顾生态环境状况，盲目决策，造成严重后果的官员，即便离任也要终身追究，事后追责不设期限，过去存在的以牺牲环境换取经济发展，带走政绩留下污染的升迁之路难以畅行了。

第五，持续加大环境保护投入。

资金投入是环境保护工作顺利推进的重要保障，加大环境保护财政投入是生态文明建设的必然要求。随着国家对环境保护工作重视的提高，环保投资逐年上升，特别是在党的十八大以后，呈现明显攀升。2012 年，中国环境污染治理投资总额为 8253.6 亿元，比上年增加 37.0%。2013 年，中国环境污染治理投资总额为 9037.2 亿元，比上年增加 9.5%。2014 年全国环境污染治理投资为 9576 亿元，同比增长 6%。在环保投资中，中央的财政支持是最重要的环节，对于社会资本也有着政策牵引和导向作用：通过政府的财政投入，可以创造有利条件，引导大量社会资金进入环境保护领域。政府财政支持还有利于建立环保工作监管体系，保证各方主体依法履行职责。

为了保证环保资金的持续投入，党的十八大之后的环境政策一方面着力于建立长期、稳定的环保投入机制，提高政府环保投入能力。财政部、环保部印发的《水污染防治专项资金管理办法》《中央财政林业补助资金管理办法》《中央财政农业资源及生态保护补助资金管理办法》《江河湖泊生态环境保护项目资金管理办法》《矿山地质环境恢复治理专项资金管理办法》《矿产资源节约与综合利用专项资金管理办法》等环境财政政策，设立了多个领域生态保护专项资金，并规范环保资金的投入与使用。另一方面，利用政策引导社会资本进入环境保护领域，由此拓宽环境保护融资渠道，建立多方参与环保投入机制，完善环境保护资金来源结构。2015年以来，中国大力推行政府与社会资本合作模式（PPP），环保领域的配套政策也陆续发布。党的十八届三中全会提出，要建立吸引社会资本投入生态环境保护的市场化机制，推行环境污染第三方治理。2014年7月，国务院《关于创新重点领域投融资机制鼓励社会投资的指导意见》发布，提出要创新生态环保投资运营机制，加强政策引导社会资本投入资源环境、生态保护等领域，推进生态建设主体多元化，推动环境污染治理市场化等理念。随后发改委、环保部、能源局等部门出台的《关于在燃煤电厂推行环境污染第三方治理的指导意见》《关于鼓励和引导社会资本参与重大水利工程建设运营的实施意见》《关于开展政府和社会资本合作的指导意见》《关于推行环境污染第三方治理的意见》《关于推进水污染防治领域政府和社会资本合作的实施意见》等规章制度，进一步为社会资本进入环保领域打通了道路，提供了政策支持和保障。

第六，以环境保护推动绿色发展。

一方面，加强环境保护能够倒逼经济转型升级。在严格的生态红线、环评准入制度、污染物排放标准以及消费者对绿色产品的追求之下，传统产业的企业要想继续生产，就必须淘汰落后产能和生产工艺，更新装置和技术水平，提高资源的利用率，节约能源，降低能耗。企业只有加大环保投入，研发环保科技，减少污染排放，提高治污水平，才有可能获得生存和发展空间。十二五期间，国家对151个不符合环评要求的项目不予立项，涉及交通运输、电力、钢铁有色、煤炭、石化等行业的 7600 多亿元投资，其中不乏石油、电力领域的大型国有企业，这些企业之后不得不进行污染整治或环保质量升级。可以预见，在最严格的环保政策的长期引导和规范下，从单个企业到多个行业，再到全社会将逐步形成绿色发展的氛围，通过环境保护促进产业结构调整和技术产品升级，最终实现经济转型升级。

另一方面，环保也是一块有待开发的巨大市场。生态文明建设在推动传统制造业改造升级的同时，也创造出新的经济增长点。创新节能、节电、节水、治污的技术，清洁生产的技术，提高生产效率的技术，节能环保产品的开发，新能源和可再生资源的利用等等，蕴藏着巨大的商机和广阔的国际、国内市场。环境保护政策的推行能够引导中国这些新兴环保产业、节能产业、资源综合利用产业和新能源产业及其技术的发展，开辟出新的经济增长点，在激烈的绿色产业竞争中占有一席之地。所以，环境保护和经济发展不是对立矛盾的，而是可以和谐统一的，环境保护就是为了实现绿色发展，实现可持续发展。

第三节　中国环境规制制度的演进

一　命令与控制政策为主导阶段

命令与控制政策是政府通过立法或制定行政部门的规章制度来确定环境规制目标和标准，并以行政命令的方式要求企业遵守，对违反相应标准的企业进行处罚。中国的命令与控制政策主要有以下四种。

（一）环境影响评价制度

1979 年，《中华人民共和国环保法（试行）》首次规定了环境影响评价制度。环境影响评价制度是按照一定的理论和方法，对大型工程建设、规划等项目实施后可能给环境造成的影响进行事先预测，再依据预测结果对当地环境质量做出评价，并提出防止或减少环境损害方案的工作过程。这种做法被法律强制规定为指导人们进行开发活动的必须行为。

（二）"三同时"制度

1973 年第一次全国环保会议上通过的《关于保护和改善环境的若干规定（试行草案)》最早规定了"三同时"制度，规定新扩改项目和技术改造项目的环保设施，必须与主体工程同时设计、同时施工、同时投产使用的制度。"三同时"制度是中国早期的一项环境管理制度，它来自 20 世纪 70 年代初防治污染工作的实践。

（三）限期治理制度

1989 年《环境保护法》对限期治理的对象、范围、内容和处罚措施等作了原则性规定。该制度是治理环境污染的一项行政措施，各级政府对造成环境问题的相关单位，发布限期治理的决定命令，对于不能在限期内完成治理污染的，采取关、停、并、转、迁等措施进行处理，这是具有强制性的行政处理制度。

（四）排污许可证制度

2004 年排污许可证制度开始试点。国家环保总局发出《关于开展排污许可证试点工作的通知》，首先在唐山、沈阳、杭州、武汉、深圳和银川开展排污许可证试点工作。此后，中国将全面推行排污许可证制度作为深化污染防治工作的重要手段，使排污许可证成为反映企业环境责、权、利的法律文书和凭证，并将排污许可证作为环保行政主管部门和排污者之间的重要纽带。

二　经济激励政策推广应用阶段

经济激励政策是通过市场信号为企业提供经济激励，引导企业在追求自身利益的过程中实现污染控制目标。在中国，经济激励政策主要包括以下三类。

（一）环境税费

这是庇古税理论在环境规制实践中的典型应用。根据征收对象不同，环境税费可以分为排污税费、使用者税费和产品税费三种。1979

年《中华人民共和国环保法（试行）》从法律上明确规定了排污收费制度，于 1982 年开始实施超标排污收费制度。2002 年 1 月，国务院第 54 次常务会议通过《排污费征收使用管理条例》，其后国家四部委通过了《排污费征收标准管理办法》，财政部、环保总局公布《排污费资金收缴使用管理办法》。这些法规于 2003 年 7 月开始实施，加大了排污费征收力度。该排污收费制度的实施使交纳排污费的单位显著增多，排污费收入增长明显。

（二）押金返还政策

这是在使用者购买可能会对环境造成污染的商品时，对其征收一定数额的押金，当商品被交送到指定地点回收时，再将押金返还给交送者。押金返还制度通过经济激励将规制者难以监督的废弃物处置行为转化为使用者以赎回押金为目的的自觉行动，节省了监督成本，同时激励企业减少污染、鼓励企业使用低污染的替代原材料以摆脱押金返还政策的限制，以节省企业费用。

（三）可交易许可证

这是政府通过界定排污的权利，并允许进行权利的市场交易来实现治污资源的最优配置的政策。可交易许可证价格是由市场形成的，从而提高了资源配置效率，不但节省了与信息有关的成本，而且保证了定价的准确性。20 世纪 80 年代，上海就开始了排污权有偿转让的尝试。1999 年环保总局在南通和本溪两个城市进行二氧化硫排污权交易试点工作。2000 年以来，国家环保总局先后出台了《二氧化硫排污许可证管理办法》和《二氧化硫排放权交易管理办法》等一系列政策。2002年 3 月，环保总局决定在山东、山西、江苏、河南、上海、天津和柳州开始推动二氧化硫排放总量控制及排污政策实施试点。

三　以信息手段和公众参与为特色的政策创新阶段

（一）信息公开计划或项目

该计划主要针对公司，由政府部门组织实施。政府部门在搜集和处理公司的相关信息后将其公开，或以信息为基础对公司评级并将评级结果公开，激励企业改善环境绩效。根据《中国的环境保护（1996—2005）》，到2005年底，全国所有地级以上城市实现了空气质量自动监测，并发布日报；组织开展重点流域水质监测，发布十大流域水质月报和水质自动监测周报；定期开展南水北调东线水质监测工作；113个环保重点城市开展集中式饮用水源地水质监测月报；建立环境质量季度分析制度，及时发布环境质量信息。各级政府和环保部门通过召开新闻发布会，及时通报相关环境信息，保障社会各界对环保的知情权。

（二）自愿协议

自愿协议指企业承诺自愿达到比法律或政策要求水平更高的环境绩效。1964年日本首先实施自愿协议，欧盟成员国也相继开始采用自愿环境协议，中国的自愿环境协议在2003年4月开始起步。山东省政府与济南钢铁集团总公司和莱芜钢铁集团有限公司签署了中国第一份自愿性环境协议，两企业承诺3年内节能100万吨标准煤，比原来设定的目标多节约标准煤14.5万吨。

（三）环境认证

环境认证是对公司的管理程序和管理结构进行认证，而不是对环境标准或环境表现的认证。目前主要的环境认证有ISO14000和EMAS等。1999年中国开展创建ISO14000国家示范区活动，吸引了大批工业开发区、高新技术开发区参与，目前有ISO14000国家示范区28个。在产品认证方面，中国高度重视"环境标志产品认证"工作。1995年中国环境标志工作从无到有逐步得到发展，环境标志产品的种类和数量不断扩大。目前，国家环保总局已制定了56项环境标志产品标准，开展认证的产品种类达56个大类。

（四）环境听证制度

环境听证制度于2004年开始在中国实施。2002年通过的《环境影响评价法》要求对可能造成不良影响的规划或建设项目，应通过举行论证会、听证会或采取其他形式，征求有关单位、专家和公众对环境影响评价报告书的意见。2004 年 7 月 1 日施行的《环保行政许可听证暂行办法》，以法规的形式保证公民参与到环境政策制订的过程。2006 年 2 月国家环保总局颁布的《环境影响评价公众参与暂行办法》规定公众参与环境影响评价的范围、程序和组织形式等内容。

综上，中国环境规制制度的演变主要有两个特点：第一，中国一直在努力提高环境规制机构的决策权限与法制基础。从 1988 年国家环保局独立设置运行、1993 年设立全国人大环保委员会、1998 年设置国家环境保护总局，到 2008 年成立环境保护部，规制独立性不断提升。同时，环境规制的法律保障也不断加强。据《中国的环境保护（1996—2005）》显示，1996—2005 年我国制定和颁布了规章和地方法规 660 余项，颁布 800 余项国家环境保护标准，北京、上海、山东、河南等省（市）共制定了 30 余项环境保护地方标准，2015 年《环境保护法（修订案）》进一步通过并得以实施；第二，中国努力从文件层面为公众参与创造制度基础，但在执行层面却一直未产生明显效果。2002 年出台的《环境影响评价法》首次将公众"环境权益"写入国家法律；2006 年《环境影响评价公众参与暂行办法》颁布，通过程序制度设计规定公众参与环境影响评价的实际权利；2015 年《环境保护法（修订案）》才确认环保社会组织的环境公益诉讼主体资格权利，但在资格标准方面仍然作了严格限定；2015 年 7 月 13 日发布的《环境保护公众参与办法》则是对 2015 年《环境保护法（修订案）》的具体规定，从条目看其虽然鼓励公众参与环境保护，但对公众与规制部门互动、公众参与与后续规制实施之间的内在关系并没有给出明确规定。

从环境规制制度演变的粗略路径看，中国不断尝试提升环境规制的法制基础与规制部门权限，并通过系列文件探索开拓公众参与路径。但是，从制度演变的结果来看，中国目前仍未实现规制独立性与公众环保参与的目标，我们认为这与规制建立基础及其影响密不可分。

根据 2014 年环保部发布的《全国生态文明意识调查研究报告》显示，中国公众生态文明和环保意识呈现"认同度高、知晓度低、践行度不够"的现状，公众环保意识具有较强的"政府依赖"特征，被调查者普遍认为生态文明建设的责任主体理所应当是政府和环境规制部门。我们认为，规制建立基础对制度演变的内生影响，即路径依赖理论定义的转换成本是产生这种"政府依赖"特征的重要动因。首先，我国由政府主导的自上而下的环境规制形成历史，使得规制部门无论在思想意识还是规制执行等层面均有忽视公众环保参与作用的倾向。其次，我国环境规制建立在非常低的经济发展水平之上，公众相对缺乏参与环境规制的主观意愿。再次，由于我国环境规制始于政府自上而下的组织，公众可能先天存在"规制是政府的责任范围，与自己无关"的心态，这一心态也降低了公众参与环境规制的意愿。正是存在上述影响，中国第一家民间自发 ENGO 组织成立直到环境规制建立后的 15 年才出现。此外，即使《环境保护法（修订案）》为公众环保参与奠定了制度基础，环境公益诉讼在司法实践上仍呈低迷状态（崔丽，2015）。这些事实表明中国环境规制存在显著的制度转换成本，严重阻碍了公众对环境规制实施的有效参与。

第四节　中国环境规制的内在逻辑

环境规制是对市场未能有效发挥作用的重要补充，是经济发展到一定程度市场未能达到最优均衡时政府干预的一种方式。

（一）自上而下的环境规制体系

环境污染问题一定程度上是发展问题，是单方向过度追求经济利益的结果。从环境规制的需求方面来看，经济发展水平较低时，公众的经济利益诉求高于环保诉求，环保利益集团的相对影响力较小，无法为政府提供足够的环境规制压力和支持，自下而上的环境规制构建较难实施；但从环境规制的供给来看，自上而下的构建形式则允许政府在经济发展水平较低的条件下构建环境规制制度。当然，分别由需求和供给推动下建立的环境规制体系将产生迥异的实施效果。中国环境规制体系的初步建立以 1979 年 3 月《中华人民共和国环境保护法（试行）》的颁布和 1982 年归属于城乡建设环保部的环境保护局的成立为显著标志。中国的环境规制体系基本是由政府自上而下推动建立的。

（二）公众环保参与

虽然中国公众的环保意识也在逐渐增强，各类环保非政府组织（ENGO）不断出现，但受传统的集体观念、文化、历史等因素的影响，公众和 ENGO 在环境规制体系中一直未能有效发挥作用。据中华环保联合会的有关数据显示，截至 2014 年底，中国共有各类环保民间组织 3233 家，其中由政府部门发起成立的 1247 家，占比近 40%，这一占比在 2005 年曾高达 49.9%，民间自发成立的环保组织只有 469 家，占比仅为 15%。鲜明的数据对比表明，中国虽然 ENGO 数量较为可观，但大多由政府直接或间接控制，独立于政府的 ENGO 力量十分微弱。1979 年的中国环保组织有关数据无法获得，但我们可以大致判断，如果追溯到 1979 年中国环境规制体系建立之初，独立的 ENGO 更是极为罕见，公众诉求在环境规制体系的构建过程中基本处于缺位状态。直到《环境保护法（修订案）》于 2014 年 4 月 25 日通过，才以基本法的形式对公众参与环境保护的原则予以明确规定，公众环保参与的法律保障长达 35 年都处于完全的真空状态。可见，无论是组织力量，还是法律保障机制，我国社会力量对环境规制的参与和作用均明显不足，其对规制建立的影响几乎都可以忽略不计（宋华琳，2008）。

（三）立法先行与综合规制

中国环境规制体系建立时正处于由计划经济或命令经济向市场经济体制转轨的时期，即政府对资源进行配置的计划经济和有计划的商品经济并存的中国特色时期（周灵，2014），在这个特定阶段，法治原则尚未全面践行。在环境规制构建过程中，仅有少量部门规章、暂行规定等作为规制实施的法理依据。从立法基础看，1989 年底《中华人民共和国环境保护法》才正式颁布实施。环境规制体系建立前后五年，即 1978—1987 年间，仅有《建材工业环境保护工作条例》（1986 年）、《轻工业环境保护工作暂行条例》（1981 年）等准法律文件颁布实施，另外零星制定了《农业灌溉水质标准》（1982 年）、《生活饮用水卫生标准》（1986 年）、《船舶工业污染物排放标准》（1985 年）、《船舶污染物排放标准》（1983 年）、《医院污水排放标准》（1983 年）等标准，法律明显缺失且大多仅限于"标准""暂行条例"等部门规定，缺乏足够的法律效力。在部门责任方面，虽然环保部是主要的环境规制部门，但同一规制对象往往面临多重规制问题。比如，在水资源规制中，水利部门负责规制河流水质，环保部门则负责规制污染源；地下水规制中，国土部地质环境司负责指导地下水的动态监测和评价，水利部负责指导地下水开发利用和城市规划区地下水资源管理保护工作，环保部污染防治司组织拟订地下水的污染防治规划并监督实施。环境规制中诸如此类多部门职能交叉和条状规制制度安排，在带来资源浪费的同时势必影响规制实施效果。

（四）机构安排与独立性

中国环境规制体系建立伊始就采取"统一监管和分级管理"的治理体制，地方各级环保部门既要接受上级环保部门工作业务方面的指导，同时在人事安排和财政经费等方面又受地方政府的约束。地方政府与当地环保部门之间是委托—代理关系，由地方政府委托当地环保部门进行环境规制，政府主要负责审核环境领域的投资方向、资金安排与拨付、人员工资福利的发放以及主管人员的任免等；环境规制部门作为代理人，主要负责建立健全环境保护基本制度，统筹协调和监督管理重大环境问题，发放污染物排放许可证，征收排污费等具体环境规制工作。在以上机构设置与职能划分下，规制部门在人事、经费等方面均受制于地方政府。地方政府与规制部门之间存在显著的利益冲突，在无法保证环境规制部门独立性的制度体制下，地方政府官员有动机通过放松环境规制谋求更快的经济发展速度。Kostka（2013）的研究已经佐证了经济发展需求较强的省领导会利用任免权来选择最有利于省区经济发展的环境官员。因此，源于体制设计的非独立性，"统一监管和分级管理"的规制模式无法保证环境规制机构的独立性。

第五节　中国环境规制现状

一　中国环境规制机构

中国环保系统机构数量在2000年至2015年由1.1万个逐渐增长至1.5万个，且呈逐渐增加的趋势，这可以侧面说明中国对环境保护的重视程度越来越强。在2000年至2006年期间，环保系统机构保持在一个稳定的数量，从2007年开始至2014年，环保机构数量有一个小幅的持续增长，这说明自2007年始，中国对环境的监测、治理等过程逐渐加强治理强度。如图2-1所示。

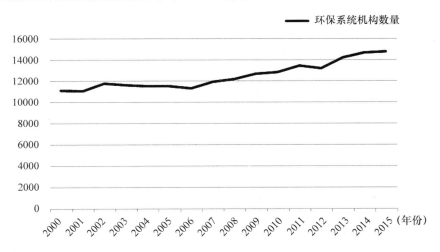

图2-1　2000—2015年中国环保系统机构数量

资料来源：《中国环境统计年鉴》。

目前，中国的环境规制主要工具包括"三同时"制度、环境影响评价制度和总量控制制度三种命令控制型工具，以排污费和排污产权交易为主的经济激励型工具，以及信息披露型规制工具。以上统称显性环境规制，同时还存在着隐性环境规制工具。隐性环境规制工具主要指消费者或者社会群众的环保意识、对待环境的态度、环保观念以及对于环境保护的认知。隐性环境规制主要存在并发生在社会群众的意识层面，一旦这种意识积累到某一特定程度，通常会发生相关环保行动的现象。但是，隐性环境规制具有无形的特征，不便于观察描述。以下针对显性环境规制工具做以简要介绍和描述。

根据中国 2015 年 1 月 1 日开始施行的《环境保护法》，"三同时"制度是指在建设项目中防治污染的设施，应当与主体工程设计、施工、投产这三个环节并列使用。防治污染的设施应当被相关文件核实批准，不得随意拆除或者闲置。它在中国的适用范围包括新建、改建、扩建项目（含小型建设项目）和技术改造项目，以及其他所有存在对环境污染和破环的可能性的工程建设项目和自然开发项目。"三同时"制度区分了建设单位、主管部门和环境保护部门的责任界定，有利于实行监督。

环境影响评价制度，对于那些可能对当地环境造成影响的施工建设，在制定相关方案之前，就要对其实施过程中可能造成的影响进行排查、预期和评价，并提出预防环境被污染和破坏的方案，同时制定相应实施步骤。环境影响评价的应用领域，一般被设定在对环境质量有较大影响的开发规划或者设施建设等。

总量控制制度是在 20 世纪 70 年代末提出的方法，主要在日本、美国等发达国家运用，并反馈得到较佳的效果。这种方法提出了让某一块区域成为被控制的整体，采取相应的规制政策和手段将排污总量控制在一定的指标以下。20 世纪 90 年代中期后，中国也开始逐渐将总量控制制度纳入到规制环境的实施工具中。这种制度不仅体现了环境管理的意识层面，同时也能作为环境规制的治理工具。它可以从整体上实现在一定的区域内降低污染物总量以此实现改善环境的最终目标。

　　排污费和排污许可证交易，是以市场指导下的两种环境规制工具。排污费的收取可以看作是规制负外部性带来的市场失灵的一种手段。对污染物施加排污费实际上导致了污染排放成本的上升。而排污许可证交易是厂商根据自身排污情况购买许可证。随着排污量的增多，厂商可能会出现购买多的问题。如果厂商的污染物排放量较少，也可以将排污证当做商品交易以此来营利。政府在一段时间内为控制排污总量，发放的许可证是定量的。有相关研究表明，交易许可证制度也可以在一定程度上激励企业进行技术创新。原因在于企业间可以通过剩余的排污数量的交易而从中获益。因此，企业为了通过排污权的交易获益，就有可能进行技术创新，通过技术创新降低本身的排放数量，而将剩余的排放权进行交易。所以可以看出交易许可证制度对企业进入、技术创新有一定影响。在 2002 年至 2012 年间，全国重点监控企业的排污费征收额呈现显著的逐渐上升趋势，但是在 2012 年有一个明显的断崖式下降，并在之后的各年均保持在一个稳定的水

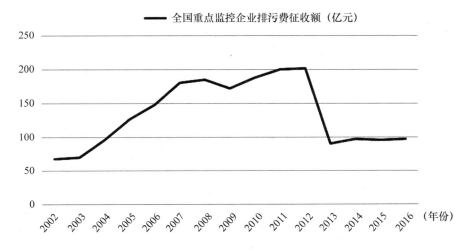

图 2 - 2　全国重点监控企业排污费征收额

资料来源：《中国环境统计年鉴》。

平，在 100 亿元左右，这在一定程度上说明 2012 年之前的环境治理获得了某种程度上的改善效果，这使得全国重点监控企业的排污费征收额发生了下降。但是其水平还高于 2003 年之前的 50 亿元的水平，说明排污费的征收依旧是目前政府实施环境规制的主要手段之一。

二　中国环境规制成果

2015 年 1 月环保部完成编制《国家环境保护"十三五"规划基本思路》，2016 年 12 月 5 日《"十三五"生态环境保护规划》由国务院正式对外发布，与"十二五"规划相比，明确了要以提高环境质量为核心，并强化监管力度。此次环保规划的提出将生态文明建设上升为国家战略，重视度达到空前水平，突出绿色发展，强化生态空间管控，形成绿色发展布局。从 2000 年开始，中国对治理环境污染的投资力度一直在增强，全国环境污染治理投资额在 2014 年达到最高 9575 亿元。

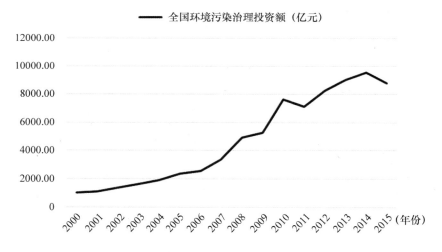

图 2 - 3　全国环境污染治理投资额

资料来源：《中国环境统计年鉴》。

从基础设施建设端来看，截至 2015 年全国污水处理、固废处理均超额完成"十二五"规划目标，燃煤电厂脱硫脱销机组安装率均达到高水平，标志着环保基础领域建设基本完成。在污水处理方面，全国城市污水处理率提高到92%，超额完成"十二五"规划中85%的目标；在固废处理方面，城市建成区生活垃圾无害化处理率达到94.1%，超额完成"十二五"规划中80%的目标；在大气治理方面，2015年，全国燃煤电厂脱硫、脱硝机组容量占煤电总装机容量比例分别提高到99%、92%，较2010年水平大幅提升，基本完成覆盖任务。但是中国2015年环境污染治理投资总额0.88万亿元，占GDP比重1.3%，较海外发达国家的2%以上（欧盟约2.25%、美国约2.45%）差距较大。

（一）水污染治理

中国水污染的根源来自工业排放的废水、污水、城镇生活污水以及农业、化肥农药流失等五大方面。从污染总量角度看，从2012年起，污水排放量增速下降放缓，总量保持在700亿吨左右，但是仍然需要较为严格的环境规制来彻底治理水污染，防治进一步恶化。

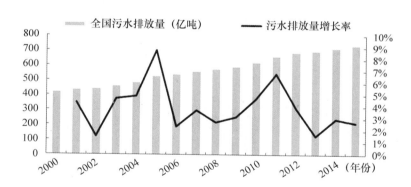

图2-4　全国污水排放量

资料来源：《中国环境统计年鉴》。

从工业和生活两个方面来看，工业污染情况正在逐年好转，来自工业的废水、化学需氧量和氨氮都已经不再是污染的主要力量。相反，来自生活方面的污染却正大幅度地提高。根据国家环保局数据，2013 年，来自生活的废水、化学需氧量和氨氮排放量已经分别占到其总量的 69.8%、73.6%、85.2%。目前中国依然处于快速城市化的进程中，相应的生活废水排放量在未来还将持续增长。

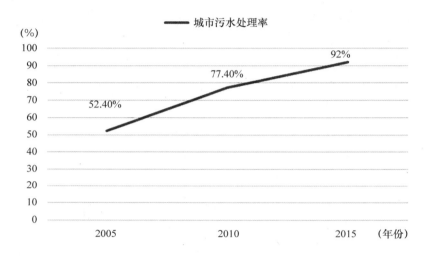

图 2 - 5　城市污水处理率

资料来源：《中国环境统计年鉴》。

（二）固体污染物治理

中国的环境政策在固体废弃物污染方面取得了较好的成绩。从图 2 - 6 可看出，中国工业废弃物处置量相比于 2010 年左右有较大的提升。由于环保规制相关措施的推行，反而使得工业固体废弃物排放量呈现出下降的态势。根据环境统计年鉴，2005—2013 年间，中国的固体废弃物综合利用量年均为 11.8 万吨，年均综合利用率 62.14%。工业固体废弃物的排放量每年在逐渐地降低。

（三）大气污染治理

工业和机动车辆的能源燃料的燃烧导致的污染物排放是大气污染的主要原因。目前，大气污染检测的主要污染物有二氧化硫、氮氧化

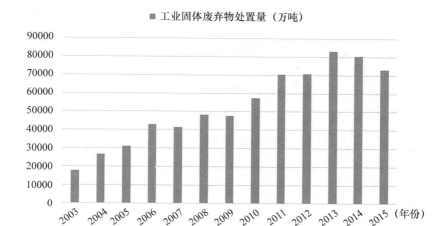

图 2 - 6 全国工业废弃物处置量

资料来源：《中国环境统计年鉴》。

物、生活和工业烟尘、粉尘。从图 2 - 7 可看出，中国二氧化硫排放量有所减少，2015 年排放量为 1859 万吨，增速为 - 5.84%，但是下降幅度较小。各地雾霾频发，大气污染治理的状况依然十分严峻。

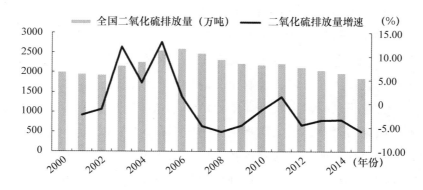

图 2 - 7 全国二氧化硫排放量及增速

资料来源：《中国环境统计年鉴》。

第三章 环境规制与可能的成本：
来自地区就业的考察

第一节 引言

一 研究背景与意义

《中华人民共和国国民经济和社会发展第十三个五年规划纲要》提出"加大环境综合治理力度"与"实施就业有限战略"的目标，"必须坚持节约资源和保护环境的基本国策，坚持可持续发展，加快建设资源节约型、环境友好型社会，形成人与自然和谐发展现代化建设新格局"，同时，"把促进就业放在经济社会发展优先位置"，旨在"促进经济社会发展与人口、资源、环境相协调"。"十四五"规划和2035年远景目标纲要制定了涵盖"经济发展、创新驱动、民生福祉、绿色生态、安全保障"5个方面的政策内容。其中，继续保持着就业优先战略，强调充分高质量的就业创造能力，鼓励创业带动就业仍是我国直接指导就业的基本政策，提出要实现更加充分更高质量的就业，城镇调查失业率控制在5.5%以内。可以看出，中国把环境与就业两大问题放在中国发展的战略位置，关系着中国的国计民生与经济的发展，处理好两者之间的关系至关重要。近年来中国的就业形势依然严峻，2016—2020年全国就业与失业情况如表3-1所示。

表 3 – 1 2016—2020 年全国就业与失业情况

年份	2016	2017	2018	2019	2020
城镇就业人员（万）	41428	42462	43419	44247	46271
年末全国就业人数（万）	77603	77640	77586	77471	75064
城镇登记失业率（％）	4.02	3.90	3.80	3.62	4.2
年末全国城镇调查失业率（％）	/	4.8	4.9	5.2	5.2

资料来源：中华人民共和国人力资源和社会保障部《2020 年度人力资源和社会保障事业发展统计公报》。

就业问题关系着中国人民生活水平及社会稳定程度，如何处理就业与环境之间的关系，如何在治理环境问题的同时使就业及民生同步发展，需要我们进行更深层次的探索，所以研究环境规制与就业之间的关系就变得至关重要。

经济、生态、民生三者共同发展是中国良好持续发展的基石，近年来中国也在不断地探索三者相协调的可持续发展之路。环境是人们赖以生存的基础，而就业则是关系国计民生的大计，如何处理好二者的关系，使二者共同发展，实现共赢，是非常值得研究和探索的问题。环境规制会对就业产生怎样的影响？目前多数学者认为，环境规制会通过影响企业的生产成本、生产规模及要素选择等方面，来间接地影响企业对就业的吸纳程度。那么这些影响究竟是会促进就业的增加，还是会使企业的劳动力需求降低，抑或是在多种因素的作用下，环境规制对就业的影响方向不确定，正是亟待我们研究的问题。

由于世界经济发展的不平衡，环境问题最先暴露在发展较为迅速的发达国家，因而环境规制与就业之间关系的研究也最先开始于这些国家，中国的研究仅是从近几十年才开始的，仍处于较为初步的阶段。关于环境规制对就业的影响问题，国内外学者已经进行了大量研究，但目前这些研究却仍未达成一个统一的结论，因为环境规制对就业的影响会随着国家、地区、行业等影响因素的具体变化而有所不同，很难从中凝练出一个概括性的结论。目前的研究多是将环境规制视为一个整体，设定一个总的环境变量来进行分析，鲜有将其进行分类来研究不同类型的规制对就业产生的不同影响。分类研究是根据中国目前的国情和经济发展实际情况，有针对性地制定环境规制政策，实现经济—生态—民生三者和谐共赢的关键。因此，在进行环境规制的就业效应研究中，更深入的做法应该是在环境规制的分类视角下，研究不同类型的规制对就业产生的不同影响。也许某些环境规制类型强度的增加会阻碍就业的增长，而另一些则会逐渐促进就业的增长，又或者不同类型的规制政策对于就业的影响是互相作用、相辅相成的，这是需要我们进一步探索和突破的议题，也正是本章所研究问题的理论意义与实践价值。

二　概念界定与理论基础

（一）环境库兹涅茨 EKC 曲线理论

库兹涅茨曲线最早由经济学家、诺贝尔奖获得者西蒙·史密斯·库兹涅茨在 20 世纪 50 年代提出，用于研究人均收入与分配是否公平。该曲线的主要内容是，人均收入水平及分配不平等的现象随着经济的增长，呈现出先上升后下降的趋势，即经典的倒"U"形曲线关系。随着研究的深入，学者们逐渐把这一理论引申运用到了环境与经济发展的关系上。研究表明，当一个国家或地区的经济发展相对落后，水平较低时，其对环境的开发及利用程度也较低，环境污染程度较轻；但是随着经济的增长，环境污染也会随之逐渐加剧，而当经济继续持续增长，就会到达环境曲线的拐点，此时就是环境污染最为严重之时；经济的发展越过拐点后，生活水平的不断提高使得人们开始对环境质量提出要求，因而这一阶段环境污染的程度会随着人们环境意识的提高而下降。环境污染程度随着经济增长的这一倒"U"形的发展过程，是环境库兹涅茨曲线的理论意义。

这一理论假说提出后，引起了学术界的极大兴趣和关注，世界各国学者纷纷对其进行验证，却并没有达成一致结论。有的学者支持其

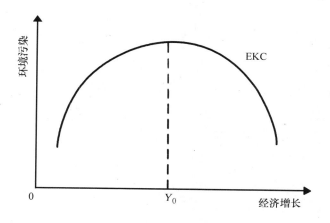

图 3 - 1　环境库兹涅茨曲线

经济发展与环境污染呈倒 "U" 形的结论，有的则认为呈现 "N" 形，还有的认为是线性的，表现为单调上升或单调下降。随着研究的深入，有些学者论证环境库兹涅茨曲线的实现是有时间和地域限制的，要根据具体情况进行研究，而不能一概而论地认为其具有固定的倒 "U" 形特征。尽管学术界对库兹涅茨倒 "U" 形曲线是否成立提出了很多质疑，但不可否认的是环境库兹涅茨曲线已经成为研究环境污染问题的一个理论基础，在研究短期的或特定时间段的环境污染与经济、社会、民生的关系上仍有一定的借鉴意义。环境规制影响着一国经济的发展，而经济的发展也必将影响着一国的就业及民生问题，因此该理论也为后文研究环境规制对经济及就业的影响方面提供了理论借鉴及思路参考。

（二）波特假说

在最初进行环境问题研究的阶段，学者们曾达成过一个共识：即严格的环境规制会增加企业的治污成本，挤占生产成本，削弱企业的竞争力。他们认为，环境规制的实施，如设置排污标准，征收环境税费等，必然会导致企业动用一部分资本和劳动力来进行环境治理，这就导致虽然整个社会的环境问题能够得到改善，但对企业来说，成本是增加的，竞争力是下降的。

直到 1995 年，哈佛大学商学院教授波特（Porter）及其合作者范德林德（van der Linde）提出了不同观点，即经典的"波特假说"。波特假说认为，高强度但适当的环境规制（特别是基于市场机制的规制政策，如征收排污税费、放开排污权交易等）能够激励企业的创新动力，甚至可以完全抵消进行环境规制所投入的成本，使企业在国际市场上具有更大的竞争优势（Porter 和 van der Linde，1995）。这一理论的提出为我们重新认识环境规制与企业创新、企业竞争力的提高、社会劳动就业甚至经济发展等问题提供了全新的视角。波特假说认为，环境规制可以促进企业竞争力的提升，在改善环境问题的同时也能使企业保持良好的经营业绩，实现"双赢"。

"波特假说"的提出对于研究中国环境规制与企业创新、企业竞争力等问题有很强的参考意义，本章主要研究环境规制与就业的关系，也可以从"波特假说"的理论中找到参考意义。随着环境规制使企业竞争力不断提升，企业会在这一方面投入更多技术性的劳动力，以更好地提升自身的治污技术水平，同时企业竞争力的提升也会使企业规模得到扩大，进一步增加企业的劳动力需求。因此，环境规制与就业之间的关系也间接地受到"波特假说"的影响。

（三）污染天堂假说

污染天堂假说，也即"污染避难所假说"，其主要内容为污染密集型企业的区位选择倾向于由环境规制强度较高的国家及地区向规制强度较低的国家及地区转移。在现实的市场经济环境下，贸易自由化使得各国及地区之间的产品价格趋于一致，此时成本就会成为企业决定生产区位的最主要因素。如果各国及地区除了环境规制强度外，其他条件都相同，那么企业就会选择进入规制强度较低的区域进行生产，这些区域也就成为了"污染天堂"。

学者们针对这一假说进行了各类研究，有的验证了污染天堂假说的存在，有的则认为其存在证据不足，还有学者认为"污染天堂"

是否存在受到聚集经济等因素的影响，研究结果莫衷一是。但不可否认的是，这种因为环境规制而促使企业做出的污染区位的选择，会影响外商直接投资的区位选择，也一定会导致就业随之发生转移变化。

三　研究方法

（一）文献研究法

关于环境规制对就业的影响，国内外学者已经对其进行了较为全面的研究，本章分别从国外及国内两个角度梳理环境规制与就业关系的研究成果。国外的研究成果基本遵循环境规制抑制就业——环境规制促进就业——环境规制对就业的影响不确定，随不同因素的影响而有所不同这一路径进行发展。各国的文献从不同角度，例如区域、行业异质性、产业结构等方面对环境规制与就业的问题进行了研究，也采用了不同的模型和实证分析方法。通过梳理文献，本章发现现有的研究多数是基于发达国家的研究，而发达国家的环境问题具体情况与发展中国家不尽相同，发展中国家正在经历的环境问题，是发达国家在几十年发展过程中所遇到的问题，而这些问题则在发展中国家近年来的快速发展中集中爆发，所以已有研究所得出的结论是否适合发展中国家的国情，值得我们思考。而中国对于这一方面问题的研究仍然处于初级阶段，所以根据中国具体国情来进行更深层次的研究势在必行。

目前国内外对于环境规制对就业影响这一问题的研究尚没有一个统一的结论，也没有形成一个被公众所认可的公理，多数的研究都是通过提出假说再加以验证的方式进行的，切入的角度不同，采用的数据不同，所得的结果都会有一定的出入。本章在总结了目前为止国内外的研究成果后，发现现有的文献鲜有将环境规制进行分类来研究不同规制类型对就业产生的不同影响，同时研究多种规制类型的相互作用对就业影响的做法更是几乎没有。所以本章在借鉴以往规制分类文献的基础上，对环境规制进行了分类，研究各种类型的规制对就业的影响，以及它们之间的相互作用的就业效应，说明了各种规制类型与就业之间存在一种怎样的关系，以及中国应该采取怎样的规制组合来达到环境与就业的双赢。

（二）定量分析法

本章借鉴以往研究的做法，通过提出理论假说进行验证的方式来研究环境规制与就业之间的关系。首先引入局部静态均衡模型，通过对模型的理论推导说明了环境规制对就业的总体影响，并对环境规制进行了分类，说明了各种规制类型的特点及其对就业可能产生的影响，从而引出本章的假说。本章通过对以往文献的总结，发现此前关于环境规制与就业问题的研究，通常采用的方式是直接假设二者之间的关系为线性或非线性，再通过实证分析进行验证，这样的做法虽然简单，但却有着一定的主观色彩。所以本章在吸取以往经验的基础上，采用了面板门槛模型，选取全国 28 个省（市）、自治区自2006—2015 十年间的省级面板数据，用实证分析来实际证明不同类型环境规制与就业是否存在线性关系，也说明了规制类型组合的就业效应的走向，同时通过对门限值的分类，分析了各地区命令控制及市场激励型环境规制强度是否合理，具有较强的现实意义。

四　主要内容

本章主要包含五节内容：

第一节为引言，介绍本章的研究背景及意义、界定相关概念和理论基础，以及介绍研究方法。

第二节为环境规制的就业效应的相关文献综述，将环境规制与就业之间关系的现有文献按照国外和国内两个维度进行梳理。学者们对环境规制的就业效应的认识是呈现先抑制后促进，最终意识到作用机制可能更为复杂，二者之间的关系可能由多种因素所决定。同时通过梳理文献，找出了目前研究的不足，作为本章研究的出发点。

第三节对环境规制进行分类，并提出不同类型环境规制的就业效应的可能假设。首先从总体上运用局部静态均衡模型，推导出环境规制对就业的"规模效应""要素替代效应"和"治污减排效应"，并说明这三种效应对就业的总体作用方向是不确定的。然后分别说明了每种环境规制分类的含义、特点及实施手段，最后通过对各种环境规制类型的分析，提出理论假说。

第四节运用面板门槛模型，选取全国28个省（市）、自治区2006—2015十年间的省级面板数据，运用STATA软件，分别对命令控制型环境规制、市场激励型环境规制、公众诉求型环境规制对就业的影响是否为线性进行了研究，同时对命令控制与市场激励型环境规制相互作用的就业效应进行了面板门限研究，并分析了各研究结论。

第五节根据实证研究结果，给出了环境规制与就业关系的结论，并根据结论提出了相关政策建议。

第二节　文献综述

一　国外环境规制对就业影响的研究

关于环境规制对就业的影响，国外现有研究可以分为以下三类。

（一）环境规制削弱就业

关于环境规制对就业的影响，最初学者们多从企业层面进行研究。他们认为环境规制会导致企业生产及治污成本增加，挤占生产成本，造成企业生产规模缩小，从而减少其对劳动力的需求，呈现出对就业的负向影响。美国人口普查局关于"减污成本和费用报告（1993）"的研究发现，环境规制确实会使企业的治污成本增加，在环境规制的作用下，企业的治污成本以每年300亿元的速度增长，这严重影响了企业的正常生产和运作，缩减企业利润，导致大量失业。Greenstone（2002）运用倍差法对美国的企业进行了研究，证明了美国清洁空气法案（CAA）的颁布使得那些污染较为严重，没有达到法案污染排放标准的州、县减少了大约5.9万的就业。Kahn 和 Mansur

（2013）的研究表明美国各州征收碳税，加剧了制造业的生产负担，抑制了其对就业的吸纳作用。Dissou（2013）则运用 CEG 研究法对减少碳排放与就业之间的关系进行了研究，说明碳减排政策的实施会缩减劳动力市场对就业的需求。

（二）环境规制促进就业

学者们对环境规制的研究从单纯的微观企业角度开始转移到行业或整个宏观经济角度。Hanna 和 Oliva（2011）研究了墨西哥的环境污染问题与其对就业供给影响的关系，证明了进行环境规制能够增加企业对劳动力的需求。Kondoh 和 Yabuuchi（2012）对征收排放税费与失业率的关系进行了考察，说明随着税费征收的增加，失业率是递减的，即排放税费的征收能够促进就业的增长。Gray（2014）研究了某法案所提出的为保护人类健康，减少造纸业排放的有毒有害物质的举措对就业产生的影响，最终发现二者之间呈正向影响关系。Altman（2015）运用投入产出法，对低碳发电与就业的关系进行了研究，发现其对就业的促进作用非常巨大，相当于几个就业部门可吸纳的就业人数。

（三）环境规制对就业的影响不确定

随着研究的不断深入，学者们逐渐认识到环境规制对就业的影响不仅仅是单纯的正向或负向这么简单，这种影响是根据不同的因素而不断变化的。从行业类型角度看，Walker（2011）研究表明，环境规制对就业的影响随着行业的不同而不同，劳动力在各个行业之间流动，使得各行业虽表现出不同的影响效果，但却也相互依存、相互作用。从地区角度看，Kahn 和 Mansur（2013）研究发现，由于各地区规制的强度及标准不同，企业的区位选择也会因此而改变，因而就业也倾向于由强规制地区向弱规制地区转移，导致了就业流动地区劳动力供给和需求的变化。从间接影响的角度看，Horbach（2013）认为环境规制会通过对技术创新的影响而间接地影响就业，不同方面、不同程度的技术创新对就业会产生截然不同的影响，如源头治理技术可能减少治污所需的劳动力，但却也有可能增加制造治污机器及环境保护相关的专业人才需求，所以此时环境规制的就业效应是正是负无法确定。从规制对就业的传导机制角度看，Shimer（2013）认为环境规制会通过两种相反的效应，即规模效应和要素替代效应来影响就业。在最初的研究中，学者们过度关注规模效应，认为规制的实施会使企业成本上升，规模缩减，从而减少就业吸纳，而忽视了同时还存在的要素替代效应对就业的促进作用，即治污使得资源类要素价格提高，企业会转而选择劳动要素以替代之，从而增加就业需求。

二　国内环境规制对就业影响的研究

由于中国对于环境问题的研究仅始于最近几十年，所以这方面的研究还比较有限，仍处在起步阶段。陆旸（2011）通过建立 VAR 模型来研究开征碳税对中国就业的影响，研究结果表明，短期内碳税的征收对中国就业的影响是负向的，即中国很难在短期内达到减排与就业的共赢。陈媛媛（2011）首次研究了工业行业背景下环境规制对就业的交叉弹性，推导出就业的要素替代作用大于因成本上升而被迫缩减生产规模的作用，也就是说就业的促进作用大于其抑制作用，就业得到增长，同时证明了规制对就业的促进作用在污染密集型企业表现更为敏感，能够创造更多的就业。张平淡（2013）研究了中国环保投资对就业的作用，得出中国环保投资与就业增长率呈 1：2 的正比关系，即总体上环保投资会带动就业的增长；同时得出生产性环保投资（投资时间大于一年、形成固定资产的投资）短时间内会促进就业，而技术性环保投资（投资时间小于一年、未形成固定资产的投资）短时间内则会对就业产生一定的抑制作用。李梦洁和杜威剑（2014）运用生产函数法验证了就业随环境规制先减少后增加的"U"形关系，同时说明了中国大部分地区的环境规制目前仍未到达拐点，仍需进一步提高规制力度来使其越过拐点达到对就业的促进作用。赵连阁、钟搏和王学渊（2014）通过构建地区劳动力供求模型研究了工业污染治理投资对地区就业的影响，说明了增加投资能够拉动就业，且事前治理的"三同时"投资比事后治理的污染源投资对就业的拉动作用更大。张先锋和王瑞（2015）研究了产业变动的双重效应，即产业升级效应与产业转移效应对就业的影响，说明了产业升级效应不会带来就业的增加，但会使企业对高技能劳动力的需求上升，而产业转移效应则会带来全国就业的整体上升，但却减少了迁出地的就业规模。闫文娟和郭树龙（2016）采用中介效应模型，研究了环境规制导致的产业结构升级、技术的创新及FDI的引进对就业产生的间接影响，说明了三者对就业影响的方向不同，产业结构由一、二产业向二、三产业转移能够增加就业规模，FDI的引进会吸纳就业，而技术创新则既有可能增加就业，也有可能减少就业。

可以看出，以往的研究多是将环境规制作为一个整体，设定一个笼统的指标来研究其对就业的作用，并没有对环境规制进行分类来研究，但事实上各国根据各自的国情，都会采取一些不同类型的环境规制方法，而这些方法对就业所产生的影响是否一致，这些方式之间又是否产生一定程度的互相影响，都是非常值得研究的问题。

以往的学者们也对环境规制的分类进行了一些相应的研究，所研究的规制类型也都真实地出现在各国治理环境的举措之中，不同类型的规制代表着不同类型的工具选择，不同的规制工具、多种规制工具的组合使用都有可能带来不同的影响。目前中国仍处在大多数发展中国家都面临着的较为严重的环境问题中，政府为主、公众参与为辅的环境治理模式仍是中国的首要模式。所以，本章在借鉴Francesco（2011）做法的基础上，结合中国环境治理的实际，将环境规制分为由政府主导的命令控制型环境规制、市场机制引导的市场激励型环境规制以及公众自发形成的公众诉求型环境规制，并以此为基础分别研究各种类型的环境规制对中国就业会产生哪些不同的影响，从而根据研究结论选出最佳的规制类型或规制组合，为实现环境规制与就业的双重红利提供一些理论借鉴。

第三节　环境规制对就业影响的传导
机制及理论假说

一　环境规制对就业的总体影响

关于环境规制的就业效应问题，此前多数学者认为环境规制的实施会对就业产生两种相反的作用力，既会造成就业的增加，也会造成就业的减少。就业的减少是由于学者们认为环境规制必然会增加企业的治污成本，挤占生产成本，成本的上升会带来两种结果，一是如果企业选择让消费者来承担这部分成本而提高产品价格，则会导致该企业产品供给大于需求的局面；二是如果企业选择自己来承担这部分成本，则其生产规模必然会受到影响，降低企业盈利能力，影响吸纳就业的规模。而就业的增加则是因为环境规制的实施会使企业重新思考其生产要素的配置比例，即在环境规制强度不断提高，生产成本不断增加的情况下，企业会选择放弃一部分价格较为昂贵的资源能源要素，转而选择更多的劳动力要素进行替代，进而实现其成本最小化。同时，环境规制的实施会使企业逐渐意识到自身生产和治污技术的落后，如同"波特假说"所说，适当的环境规制会使企业获得技术创新的动力。但技术创新对劳动力需求的影响机制是不确定的，所以其可能会对就业产生正反两方面的影响。

由于环境规制对就业产生的是方向相反的两种影响，所以最终的影响究竟是正是负，还要根据具体的正负两种效应孰大孰小来比较衡量。因此这里我们借鉴 Berman & Bui（2001）的理论模型，来研究环境规制的就业效应究竟是正是负。Berman & Bui 的理论模型是根据 Brown & Christensen（1981）的局部静态均衡模型（the Partial Static Equilibrium Model，PSEM）演化而来的，在 PSEM 模型的基础上又加入了"准固定要素"的影响。"准固定要素"的大小不随市场的变化而变化，而是由外生性约束（如政府的环境规制政策等）来决定，所以企业在日常的生产活动中，除了考虑到自身成本最小化的条件外，还要受到由于环境规制的实施而带来的外源性约束，即"准固定要素"的约束，由此我们可以假设可变要素及"准固定要素"共同形成了企业的生产要素。由于环境规制会使企业受到一定的排污限制，增加企业的治污成本，挤占生产成本，所以这里将这部分由于环境规制而产生的成本作为"准固定要素"，而劳动力等其他生产要素则作为可变要素供企业自由配置。假设企业要素投入包括 H 个可变要素和 J 个"准固定要素"，则假定其成本函数的形式为：

（1）$CV = F(Y, P_1, \cdots, P_H, Z_1, \cdots, Z_J)$

其中，Y 表示产品的产出，P_h 代表投入的可变要素的数量，Z_j 代表由于治污形成的准固定要素的数量。对函数进行一阶导数，可以推导出劳动力的数量 L 近似可以表示为产出（Y）、可变要素数量（P_h）以及准固定要素数量（Z_j）的线性函数，可以表示为式（2）：

（2）$L = \alpha + \rho_Y Y + \Sigma_{h=1}^{H} \beta_h P_h + \Sigma_{j=1}^{J} \gamma_j Z_j$

为了使分析简化，分别设劳动力 L、产出 Y、可变要素 P_h、以及准固定要素 Z_j 分别为环境规制 R 的一次函数，具体如下：

（3）$L = \delta + \mu R$，$Y = aR + m$，$P_h = b_h R + n$，$Z_j = c_j R + t$

对（2）式求一阶导数，并将（3）式代入，得出环境规制对就业的影响机制公式如下：

（4）$\dfrac{dL}{dR} = \rho_Y \dfrac{dY}{dR} + \Sigma_{h=1}^{H} \beta_h \dfrac{dP_h}{dR} + \Sigma_{j=1}^{J} \gamma_j \dfrac{dZ_j}{dR} = \mu$

其中，R 表示环境规制，则式（4）可以代表上述环境规制与就业所产生的各种影响效应。第一项 $\rho_Y \dfrac{dY}{dR}$ 为环境规制的规模效应，即环境规制背景下，成本的增加导致企业生产规模的缩减，从而减少企业的就业吸纳能力；第二项 $\Sigma_{h=1}^{H} \beta_h \dfrac{dP_h}{dR}$ 为环境规制的要素替代效应，即企业通过优化自身生产要素的配置以实现成本最小化，进而影响劳动力需求的效应；第三项 $\sum_{j=1}^{J} \gamma_j \dfrac{dZ_j}{dR}$ 可以理解为环境规制的治污减排效应，即治污减排投入的增加对劳动力需求所产生的影响。

1. 规模效应为负。环境规制增加企业治污成本，挤占生产成本，缩减企业生产规模，降低企业利润及竞争力，从而减少就业。负的规模效应在最初进行环境规制时起到了主导作用，所以就业规模在一开始可能是随规制的增强而下降的。但随着规制的进一步进行，企业也会根据成本最小化的原则来调整自身的要素配置，使企业成本的增加得到有效控制。同时，"波特假说"认为适当的规制可以使企业认识到技术创新的重要作用，从而通过技术革新重新提高企业的竞争力。这些都使得规制最初的规模负效应不再起主导作用。

2. 要素替代效应为正。环境规制的实施使相关的资源能源等要素价格升高，使企业转而追求相对便宜的劳动力要素投入，在不考虑其他因素的情况下，随着环境规制的深入，就业的规模负效应会逐渐放缓，则要素替代效应就会相应增大，从而创造更多的就业机会。

3. 治污减排效应可正可负。环境规制的深化，会使企业不断提升自己的治污减排技术来适应规制的节奏，即 $\dfrac{dZ_j}{dR}$ 为正，而 γ_j 则反映了企业的治污活动与吸纳就业数量之间是互补还是替代关系，此时 γ_j 的符号是不确定的。因为企业的污染减排活动通常包括两种形式：一是生产末端的治理，这种治理活动通常是指在生产的最终环节利用一些排污设备和方式减少排放物中的污染物后再进行排放，这一治理过程主要会增加生产清洁设备的生产性劳动力。二是生产源头的治理，即引进清洁生产技术，直接从源头减少污染物的排放，提高能源利用效率，但这种形式对就业的影响符号无法确定，因为清洁性生产技术的进步可能会增加企业对于环保技术相关人才的需求，但也会因为技术的进步而减少对于生产性劳动力的需求，正反两种影响孰大孰小很难判断。基于以上两点，γ_j 的符号是不确定的。

综上三点，环境规制对就业的影响效应是不确定的，要根据具体情况进行具体分析，如下图：

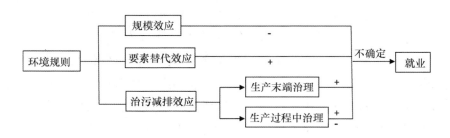

图 3 - 2　环境规制对就业的影响机制

通过以上传导路径的分析可以得出以下结论。总的环境规制对就业的影响是不确定的，需要在具体情况下对各种效应产生的大小进行具体的对比分析。那么，如果将环境规制进行分类，分别考察各种类型的规制对就业的影响，又会得出怎样的结论呢？根据上文所述，本章通过对以往环境规制相关文献的梳理，在 Francesco（2011）的基础上，将环境规制分为政府主导的命令控制型环境规制、市场机制引导的市场激励型环境规制以及公众自发形成的公众诉求型环境规制三种类型，并分别研究每种类型对就业可能产生的影响。

二　不同类型的环境规制及其对就业的影响假说

（一）命令控制型环境规制及其对就业的影响假说

命令控制型环境规制一般是由政府以主导，政府通过强制的行政命令来规制企业的排污行为，如利用环境立法等手段来限制企业的排污量，设定排污标准等。这一类型的规制最主要的特征是污染企业要完全按照政府的行政命令行事，没有任何自主选择的权利。在环境规制的初期，国家和政府逐渐意识到运用行政命令来规范企业治污行为，从而改善环境的重要性，于是中国先后颁布了《中华人民共和国环境保护法》，并出台了一系列相关政策法规，规定了不同类型的企业污染排放量的限额，以此来限制企业的排污行为；随后又出台了建设项目"三同时"制度，要求一切治污排污项目都必须与企业的主体项目"共同设计、共同施工、共同投产"，使环境监管措施一直存在于企业项目的进行过程之中，从源头到末端全过程进行环境治理，国家近年来不断进行的"三同时"环保投资，也说明了国家治污的决心。上述措施都属于命令控制型环境规制的典型措施，这种规制类型的优点在于其具有较强的强制性和及时性，规制在政府的作用下能够立即开展，并且能够得到立竿见影的效果；但其同时也存在着只能强制施行，难以调动企业治污技术创新积极性，不利于企业长远发展等缺点。

那么，命令控制型环境规制对就业会产生怎样的影响呢？根据上文所述，环境规制对就业的影响取决于"规模效应""要素替代效应"及"治污减排效应"三者大小的比较。首先，在进行规制的初期，企业为了达到政府所设定的一些治污标准，必然会使其治污成本增加而挤占生产成本，从而不利于企业对就业的吸纳。但同时，企业也会寻找一种能够使成本重新最小化的方法，即使用一些价格较低的要素，如劳动力要素来替代由于环境规制而提高成本的资源、能源等要素，同时企业也可能会为了达到排污标准而增加一定的污染末端治理投入，几种效应在这一时期孰大孰小，决定了环境规制对就业的影响方向，所以此时影响方向是不确定的。然而，随着命令控制型环境规制强度的不断提高，过度的行政命令和过高的规制强度可能会使企业产生逆反心理，降低其治污减排的积极性，失去提升清洁生产能力和治污技术的动力，更严重者甚至会使企业一时无法承受过高强度的规制而导致破产，从而不利于企业的长远发展，也对就业产生了严重的负向影响。

因此，结合上述推论，本章做出假说①：

假说①：过高强度的命令控制型环境规制会抑制就业的增长。

（二）市场激励型环境规制及其对就业的影响假说

市场激励型环境规制是以市场这只"看不见的手"为导向，通过市场机制来使企业自发调节自身排污决策、排污技术水平，追求利润最大化的同时达到治污目标的规制方式。其现有的主要规制工具包括征收排污税费、政府补贴、押金返还及排污权自主交易等。

排污税费。政府对企业排放污染物的结果进行收费，使企业承担自身排污的成本，多排放多征收、少排放少征收，从而达到在治理环境问题的同时使企业自愿减少排污数量的效果。

补贴。相当于政府对企业自发清洁生产、减少排污量的一种奖励，显然这能够进一步激励企业减少生产活动中的排污行为。但激励的政策和范围应该谨慎制定和划分，某些不合理的补贴很有可能会导致企业为了追求补贴而投机取巧，进而造成某些资源和能源的价格扭曲。

押金返还。押金返还制度是通过向消费者收取使用带有污染物的商品的押金制度，使用结束后，消费者如能够将产生的污染物送往制定地点，则可退还押金。这一制度在有效减少污染的同时，提高了污染物的利用效率，使其能够得到循环利用，同时降低了政府的规制成本以及企业的治污成本，具有很强的推广意义。

排污权交易。这是指政府通过对社会可容纳污染物的数量进行估算后，将这些排放量标价投放市场，从而使企业可以对其进行自由购买。这种做法会促使企业为了减少排放量而提升自身的生产清洁性及治污技术，从而达到规制环境的效果。

相比于命令控制型环境规制，市场激励型环境规制赋予了企业更高的自主权，使其能够根据自身情况在利润和治污目标之间做出最合理的选择。如排污费多排污多征收、少排污少征收的原则对于高污染企业来说是一种惩罚措施，而对于低污染低能耗企业来说却相当于是一种补贴。这就能够更好地激励企业进行技术创新，降低自己的排污量来赢取这种补贴。但基于中国目前命令控制为主、市场激励为辅的规制政策，征收排污税费仍然是中国最主要的市场激励型规制手段，排污权交易等措施仍然处在试点阶段，市场激励型环境规制仍然没有发挥其最大的效果，且这种激励类型也存在着规制效果滞后的缺点。

那么，市场激励型环境规制对就业的影响又是怎样的呢。首先，与命令控制型环境规制相同，在规制的初期，就业会受到三大效应的共同影响，这一时期三者的大小，决定了市场激励型环境规制对就业的作用，且这一作用方向无法确定。但市场激励型环境规制是以市场机制为基础的，随着规制强度的不断深化，政府会对企业进行治污补贴、少污染少征收排污费等多种激励措施，企业会逐渐意识到要想在自身利润最大化的同时实现环境保护，就要提升自身的清洁生产能力和治污技术，这种进步使企业逐渐向生产绿色化发展，符合当今社会发展趋势，从而提升企业竞争力，获取更多的利润，进而增加就业。正如"波特假说"所说，环境规制会促进企业技术的进步，从而会促进企业生产的发展，竞争力得到提升，从而增加对就业的吸纳作用。

因此，结合上述推论，本章做出假说②：

假说②：深化市场激励型环境规制有利于就业的增加。

（三）公众诉求型环境规制及其对就业的影响假说

可以看到，上述两种环境规制的类型都与政府行为存在着一定的关系，而本章的另一种分类——公众诉求型环境规制，则主要是通过企业及公众自发产生的一系列环境规制行为，这些行为通常不具有强制性，而是通过内化的环境意识来实现环境规制。其主要特征是通过提高教育水平和人民生活水平等方式，将环境意识及环保责任内化到公民和企业的决策制定中。这种规制方式能够更好地激发公众自发的治污减排动力，从而相对减少政府行政监管的成本。同时这种规制是一种道德上的规制，高于一般法律层面的强制性标准，使中国的环境保护标准在整体上有所提升。另外，相比于其他类型的环境规制，公众诉求型环境规制的手段可以是多种多样的，其与社会公众的受教育水平等因素息息相关，对于其他常用的环境规制类型是一种很好的补充。

那么，公众诉求型环境规制与就业的关系又是什么样的呢。这种由社会公众的环境意识主导并自发形成的环境规制是最根本、最彻底的环境规制，这种规制的产生意味着人民的生活水平和受教育程度不断提高，也就意味着经济持续良好快速发展，这种情况下，经济与环境会形成一个良好的互相促进的循环，从而也同时促进着民生和就业的发展。因此本章提出假说③：

假说③：公众诉求型环境规制会促进就业的增长。

（四）命令控制与市场激励型规制相互作用对就业影响的假说

根据中国现实的国情，在实际进行环境规制的过程中，不可能只是单一地实行一种类型的环境规制，一定是多种类型的环境规制相互配合使用，那么多种类型的环境规制之间相互作用是否也会对就业产生一定的影响，一种规制方式强度的变化是否会影响另一种规制类型的就业效应，即一种规制方式对另一种规制方式就业效应的发挥是否存在着一定的"门槛效应"，值得进一步研究。

由于中国目前环境规制的措施是命令控制型环境规制为主、市场激励型环境规制为辅，那么这两种规制类型的同时实施又会对就业产生怎样的影响呢？两种规制对就业的作用是相互依赖的，还是相互独立的？这些问题的研究能够有针对性地为中国规制政策的选择提供建议。

对于这个问题，本章提出如下假说：

假说④：命令控制型环境规制就业效应的存在基于市场激励型环境规制的门槛效应。

假说⑤：市场激励型环境规制就业效应的存在基于命令控制型环境规制的门槛效应。

第四节 环境规制对就业影响的实证分析

本章采用面板门槛模型分析环境规制对就业的影响，数据的时间跨度为 2006—2015 年共 10 年间的数据，首先对面板门槛模型做了简介，其次介绍了变量的选取及数据的来源，然后检验数据是否存在单位根以确保数据的平稳性，最后构建面板门槛模型分析环境规制对就业的非线性影响关系，以及不同类型环境规制相互作用的就业效应。采用的软件为STATA13.1。

一　面板门槛模型介绍

门槛回归模型的实质，可以概括为捕捉某变量可能发生的结构变化点，具体的分析方法为按照门槛值将所设定的回归模型分为两个或两个以上的区间，选定某一观测值作为门槛变量，然后依据门槛变量的大小将其他样本数据分别归类到所分的区间中去。以往的很多学者对面板门槛模型都做过相应的研究。

Tong（1978）在面板门槛方面的研究取得了很多成就，其中最主要的就是阐明了门槛自回归模型（TAR），其本质是变量之间的影响关系是非线性的，该模型在金融领域的应用尤其广泛。Tiao 和 Tsay（1994）、Potter（1995）等也进行了这方面的研究，并且对横截面资料和面板数据资料分别进行了门槛研究。他们在计量上的贡献包括，通过门槛变量来确定变量的分界点，基于门槛变量的观察数值对门槛值做出比较有效的预估，通过计量方法得出数值，有效解决了以主观确定分界点的方法所造成的不可避免的误差问题。

在对门槛自回归模型的估计中，对门槛效应检验的研究也经过了多年的发展，现已形成了较为成熟的检验方法。因为参数是未知的，从而导致检验需要用到的统计量所对应的分布具有非标准的特征，也就是说可能存在着戴维斯问题（Davies Problem）。因此，Hansen（1999）推荐采用"自体抽样方法"，有效计算检验了统计量的分布情况，从而实现了对数据是否存在门槛效应这一问题的较为严谨的显著性检验。Hansen（1999）的研究是面板门槛模型中最为经典的研究，至今仍被广泛地应用于各类实证检验当中，而本章借鉴的也正是这种研究方法。

这种研究比较侧重于门槛面板数据模型，采用的是两阶段最小二乘法。分析的步骤为：

首先，确定门槛数值（γ），通过测算得到估计系数 $\hat{\beta}(\gamma)$ 以及残差平方和 $SSR(\gamma)$，在所有的 $SSR(\gamma)$ 中，找出使得 $SSR(\gamma)$ 最小的 γ 值，记为 $\hat{\gamma}$；其次，通过 $\hat{\gamma}$ 值，得到模型多个区间对应系数 $\hat{\beta}(\hat{\gamma})$，从而完成一系列的分析。

以单一门槛为例，可以设定面板门槛模型为：

$$(1)\ y_{it} = \begin{cases} \mu_i + \beta_1' x_{it} + \varepsilon_{it}, q_{it} \leq \gamma \\ \mu_i + \beta_2' x_{it} + \varepsilon_{it}, q_{it} > \gamma \end{cases}$$

上式中，$i = 1$，2，$\cdots$，N 代表的是个体变量，$t = 1$，2，$\cdots$，T 代表的是时间变量。y_{it} 则为被解释变量，μ_i 是个体对应的截距项，x_{it} 则为解释变量，q_{it} 则为门槛变量，γ 为待估计门槛数值，ε_{it} 代表服从独立同分布时的误差项。

对门槛效应的检验方法为，检验原假设 H_0：

$$(2)\ H_0 : \beta_1 = \beta_2$$

假设（2）式成立，（1）式就可以转变为：

$$(3)\ y_{it} = \mu_i + \beta_1' x_{it} + \varepsilon_{it}$$

通过 OLS 方法对（3）式进行估计，计算出系数有限制时模型获得的残差平方和，将它标记为 SSR^*，以区别于无约束的残差平方和 $SSR(\hat{\gamma})$，满足 $SSR^* \geq SSR(\hat{\gamma})$。如果添加约束条件后，$[SSR^* - SSR(\hat{\gamma})]$ 比较大，则越应该倾向于拒绝原假设。Hansen（1999）通过构造似然比检验的统计量，对（2）式的原假设进行了检验：

$$(4)\ LR \equiv [SSR^* - SSR(\hat{\gamma})] / \hat{\sigma}^2$$

（4）式中，$\hat{\sigma}^2 \equiv \dfrac{SSR(\hat{\gamma})}{N(T-1)}$ 代表对扰动项方差的一致估计值。通过检验统计量 LR 的渐近分布，发现其并不是标准 χ^2 分布，而是与样本矩存在一定的关系，从而无法得到确定的临界数值，即为截维斯问题（Davies Problem），Hansen（1999）通过"自抽样法（bootstrap）"解决了这一问题。

如果（2）式的原假设被拒绝，则说明存在门槛效应，可进一步检验假设"$H_0: \gamma = \gamma_0$"（γ_0 表现为 γ 的真实值），定义其似然比的统计量如下：

（5）$LR(\gamma) \equiv [SSR(\gamma) - SSR(\hat{\gamma})]/\hat{\sigma}^2$

Hansen（1999）的研究结果显示，$LR(\gamma)$ 所存在的渐近分布尽管依然不是标准的，但它所对应的累计分布函数为 $(1 - e^{-x/2})^2$，从而可以基于 $LR(\gamma)$ 对 γ 的置信区间进行计算，获得临界值。

所以对双重门槛模型，可以设定为：

（6）$y_{it} = \mu_i + \beta_1' x_{it} \cdot 1(q_{it} \leq \gamma_1) + \beta_2' x_{it} \cdot 1(\gamma_1 < q_{it} \leq \gamma_2) + \beta_3' x_{it} \cdot 1(q_{it} > \gamma_2) + \varepsilon_{it}$

上述中，$1(\cdot)$ 为示性函数，即如果括号中的表达式为真，则取值为 1；反之取值为 0。门槛数值 $\gamma_1 < \gamma_2$，也可以将其转变为离差形式，进一步采用 OLS 两步法完成估计。

二　变量选取、数据说明与模型构建

（一）变量选取

被解释变量是就业规模。因为本章要研究的是环境规制对就业的影响，这种就业包括所有企业的就业人员，所以采用各省市年末总就业职工人数（emp）指标来代表。

解释变量是环境规制变量。由于本章将环境规制分为政府主导的命令控制型环境规制、市场机制引导的市场激励型环境规制以及公众自发形成的公众诉求型环境规制三类，即：

1. 命令控制型环境规制变量

用本年度实际污染治理投入（poll）/产业结构（tert）×1000 指标

来衡量；由于命令控制型环境规制一般采用强制性的法律法规，设定排污标准等来限制企业的排污行为，而这些都很难进行量化和衡量，但企业进行环境规制的治污投入却是可以衡量的，所以，本章借鉴韩晶（2014）的做法，用实际的治污投入来表示命令控制型环境规制。

2. 市场激励型环境规制变量

用排污费（sew）指标来衡量。由于市场激励型环境规制可以带来巨大的成本节省，促使企业为追求利益最大化而进行资源的优化配置，还能够激励企业进行治污技术的创新，而排污费则是市场化工具中的一个重要代表，也是中国最主要的市场规制手段，具有多污染多收费、少污染少收费的特征，通过市场机制来影响企业的排污决策。所以本章借鉴原毅军和刘柳（2013）的方法，使用排污费收入指标来度量市场激励型环境规制。

3. 公众诉求型环境规制变量

由平均工资水平和地区受教育水平所决定，用"各省平均工资（wage）"和"万人口在校大学生数（stu）"指标来衡量。公众诉求型环境规制是基于社会大众的环保理念和环保意识而自发形成的规制行为，而公众的环保意识又是一个很抽象的概念，很难设定具体的指标进行衡量，又因为影响环保意识的因素众多，只用一个指标代表又会很片面。所以，本章借鉴原毅军和谢荣辉（2014）的做法，选用受教育程度和收入水平两个指标来共同代表公众诉求型环境规制变量。具体指标解释如下：

一是受教育程度，用"万人口在校大学生数（stu）"指标来衡量。一个人的受教育程度往往直接决定了其环境意识的高低，当某个地区人口受教育程度普遍偏低时，该地区居民就不太可能会有较强的环境意识，做出自发环境规制行为的可能性也会较低，所以选用大学生这个高等教育群体的人数占比来衡量受教育程度的高低较为合理。

二是收入水平。Wheele 等（1997）的研究表明，美国收入较高的社区的环境污染程度及污染排放量要远低于收入较低的社区，这是因为收入水平高的人群，对生活环境的质量要求也高，这就使他们积累了较高的环境意识，这种环境意识会促使他们对减少企业的排污行为产生诉求。且收入水平越高，提出这种诉求的能力也就越高。因此本章采用了就业人员平均工资来对变量进行衡量。

就业除了受到环境规制变量的影响外，还会受到其他很多因素的影响，其中最突出的是以下几个因素，也是本章选取的控制变量。

1. 经济发展水平

用国内生产总值（gdp）衡量，经济的发展往往伴随着就业的增加，经济发展的良好与否始终是影响就业的重要因素，所以其对就业发展影响的预期为正。

2. 劳动生产率（prod）

用总产值与总就业人数的比值来衡量。劳动生产率会对就业产生正负两种影响，一方面劳动生产率的提升会使得企业的生产效率得到提高，利润增加，从而增加就业；另一方面劳动生产率的提高又会使得生产单位产品所需的劳动力数量减少，从而减少就业，所以其对就业影响的预期不确定。Beaudry 和 Collard（2003）的研究表明，劳动生产率的提升会减少就业，但这种减少作用仅会持续20—25年的时间。

3. 产业结构（tert）

用第三产业产值占总产值的比重来衡量，随着经济的发展，产业结构也会不断进行升级，目前中国产业结构主要呈由第一、二产业向第三产业转移的趋势，这也势必会带来就业结构的变化，第三产业的不断发展会吸纳越来越多的就业，因而其对就业的预期为正。

4. 国内资本存量（cap）

根据单豪杰（2008）的做法，运用永续盘存法计算的各省市资本存量来衡量。Justiniano 等（2010）的研究表明投资会对产出和劳动产生很大的影响，达50%以上。即随着投资的增加，导致企业的固定资产增加，产出增加，从而需要雇佣更多的劳动力来与之匹配，所以资本存量对就业影响的预期为正。

5. 外商直接投资

用外商投资企业投资总额（fdi）来衡量，外商直接投资的引进也会对该地区就业产生正负两种影响，一方面投资的引进有利于该地区生产及经济的发展，从而也会使就业随着外商直接投资区位的选择进行转移，促进被投资地区就业的增加；另一方面外商投资的增加可能会对本国投资产生一定的挤出作用，从而减少本国投资对就业的促进作用，因而其对就业影响的预期也是不确定的。

（二）模型设定

本章研究不同类型的环境规制对就业的影响，因而本章将环境规制分为命令控制型环境规制、市场激励型环境规制和公众诉求型环境规制，命令控制型环境规制用本年度实际污染治理投入（poll）/产业结构（tert）×1000 来衡量，市场激励型环境规制用排污费（sew）来衡量，公众诉求型环境规制用受教育水平（stu）和平均收入水平（wage）两个指标共同衡量。由于本章采用的是面板门槛模型，需要确定一个由单一指标所代表的特定门槛变量来进行研究，而本章的公众诉求型环境规制是由两个指标综合代表的，所以无法对其进行门槛研究。所以本章先研究了命令控制型和市场激励型两种类型的环境规制对就业影响的门槛关系，研究了两种类型的环境规制对就业的影响是否为线性，再对这两种类型环境规制的相互作用对环境规制就业效应进行了分析，同时将公众诉求型环境规制作为解释变量加入到模型当中，并对其进行了分析。

综上，本章根据面板门槛模型设定了以下三个研究模型：

以命令控制型环境规制作为单一门槛变量进行面板模型估计，模型设定如下：

（7）$emp_{it} = \mu_i + \beta_1 con_{it} \cdot 1(con_{it} \leq \gamma_1) + \beta_2 con_{it} \cdot 1(con_{it} > \gamma_2) + \beta_3 gdp_{it} + \beta_4 tert_{it} + \beta_5 cap_{it} + \beta_6 prod_{it} + \beta_7 wage_{it} + \beta_8 stu_{it} + \beta_9 fdi_{it} + \varepsilon_{it}$

以市场激励型环境规制作为单一门槛变量进行面板模型估计，模型设定如下：

（8）$emp_{it} = \mu_i + \beta_1 con_{it} \cdot 1(con_{it} \leq \gamma_1) + \beta_2 con_{it} \cdot 1(con_{it} > \gamma_2) + \beta_3 gdp_{it} + \beta_4 tert_{it} + \beta_5 cap_{it} + \beta_6 prod_{it} + \beta_7 wage_{it} + \beta_8 stu_{it} + \beta_9 fdi_{it} + \varepsilon_{it}$

以命令控制型环境规制作为门槛变量，以市场激励型环境规制作为门槛依变量进行面板模型估计，模型设定如下：

（9）$emp_{it} = \mu_i + \beta_1 sew_{it} \cdot 1(con_{it} \leq \gamma_1) + \beta_2 sew_{it} \cdot 1(\gamma_1 < con_{it} \leq \gamma_2) + \beta_3 sew_{it} \cdot 1(con_{it} > \gamma_2) + \beta_4 gdp_{it} + \beta_5 tert_{it} + \beta_6 cap_{it} + \beta_7 prod_{it} + \beta_8 wage_{it} + \beta_9 stu_{it} + \beta_{10} fdi_{it} + \beta_{11} con_{it} + \varepsilon_{it}$

上述三式中，$1(\cdot)$ 为示性函数，即如果括号中的表达式为真，则取值为 1；反之取值为 0。γ 为需要估计的门槛数值，β 为各变量待估的系数，μ_i 为各地区的截距项，ε_{it} 为随机干扰项，下标 i 为各地区，t 为年度。

（三）样本数据来源

根据样本及数据的可获得性，本章选择了除新疆、西藏、内蒙古及港澳台之外的 28 个省（市）、自治区，2006—2015 年共 10 年间的省级面板数据，对环境规制的就业效应进行研究，各变量的数据总量共计 280 笔。本章所有数据均真实可考，来自于历年的《中国统计年鉴》《中国环境年鉴》《中国环境统计年鉴》，各地区的分期统计年鉴，以及国家统计局国家数据库。

为了防止样本的异常值对研究结果产生影响，本章对各变量在 1% 的水平上进行缩尾处理，各变量的基本统计量见表 3 - 2。

表 3 - 2　　　　　　　　　　**变量的基本统计量表**

Variable	Obs	Mean	Std. Dev.	Min	Max
emp_ w	280	2696. 423	1704. 340	328. 500	6183. 230
gdp_ w	280	15744. 300	11879. 630	1689. 650	46013. 060
Tert_ w	280	7702. 764	6251. 340	744. 630	24017. 110

续表

Variable	Obs	Mean	Std. Dev.	Min	Max
cap_ w	280	6679. 661	5394. 496	702. 450	20711. 550
prod_ w	280	102. 996	1. 877	99. 600	106. 200
wage_ w	280	39230. 160	14324. 190	18300. 000	67707. 000
stu_ w	280	2357. 811	831. 345	1162. 000	4412. 000
fdi_ w	280	94797. 540	121018. 900	3098. 000	444400. 000
con_ w	280	27. 770	12. 203	12. 566	58. 216
sew_ w	280	58724. 540	46242. 940	4047. 300	167093. 800

由表3-2可以看出各变量的均值、标准差、最小值及最大值的情况，均在正常值范围内。

三 平稳性检验

为了防止面板门槛模型出现伪回归的现象，需要对各变量进行平稳性检验，保证每一个变量都是平稳的。因此，本章使用STATA，运用LLC相同根的单位根检验与Fisher-ADF不同根的单位根检验，对所选取的样本面板序列进行了平稳性检验，如果两种单位根检验方法均拒绝了原假设，则表明本章所采用的样本面板序列为平稳序列，否则就说明序列是非平稳的，检验结果见表3-3。

表3-3   面板单位根检验结果表

变量	LLC		ADF		检验结果
	统计量	P值	统计量	P值	
emp_ w	-3. 811	0. 000	202. 411	0. 000	平稳
gdp_ w	-8. 126	0. 000	161. 038	0. 000	平稳
tert_ w	-1. 787	0. 037	257. 900	0. 000	平稳
cap_ w	-8. 595	0. 000	138. 074	0. 000	平稳
prod_ w	-2. 567	0. 000	92. 167	0. 002	平稳

续表

变量	LLC		ADF		检验结果
	统计量	P 值	统计量	P 值	
wage_ w	−5.562	0.000	715.763	0.000	平稳
stu_ w	−21.630	0.000	938.956	0.000	平稳
fdi_ w	−6.200	0.000	598.243	0.000	平稳
con_ w	−9.965	0.000	973.490	0.000	平稳
sew_ w	−8.726	0.000	929.977	0.000	平稳

由表 3-3 可以看出，LLC 相同根的单位根检验与 Fisher-ADF 不同根的单位根检验结果均表明面板序列为平稳的，确保了回归结果的有效性。

四 命令控制型环境规制面板门槛估计及实证结果分析

以命令控制型环境规制作为单一门槛变量进行面板模型估计，在采用面板门槛模型分析前，首先需要确定模型存在的门槛数量，进而根据门槛的个数与数值，建立相对应的面板门槛模型，并使用固定效应模型对面板数据进行估计。采用 Hansen（1999）的方法来确定门槛的个数及数值，分别对单一门槛、双重门槛和三重门槛模型进行估计，确定模型的 F 值，并采用 bootstrap 方法计算显著性 P 值，结果见表 3-4。

表 3-4　　　　　　　　　门槛效果自抽样检验

模型	F 值	P 值	BS 次数	临界值		
				1%	5%	10%
单一门槛	14.262 **	0.041	500.000	17.452	13.026	10.769
双重门槛	2.959	0.180	500.000	7.723	6.665	4.079
三重门槛	2.300	0.233	300.000	4.730	3.367	2.853

注：** 代表在 5% 的水平下显著。

由表 3 – 4 可知，以命令控制型环境规制为单一门槛的估计结果 5% 的水平下显著，F 值为 14.262，双重门槛与三重门槛的估计结果均不显著，表明模型存在单一门槛。门槛数值的估计结果见表 3 – 5。

表 3 – 5　　　　　　　　门槛估计值和置信区间

模型类型	门槛估计值	95% 置信区间	
单一门槛模型：	17.526	17.420	17.829
双重门槛模型：			
Ito1	22.078	15.420	46.691
Ito2	18.378	16.215	44.174
三重门槛模型：	40.444	15.498	47.529

由表 3 – 5 可知，单一门槛的估计数值为 17.526，门槛的参数图见图 3 – 3。

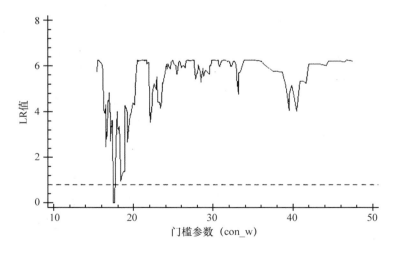

图 3 – 3　单一门槛的估计值及置信区间

从而可以认为，命令控制型环境规制对就业的影响存在单一门槛效应，需要采用单一门槛模型对面板数据进行回归分析。单一门槛的面板固定效应模型估计结果可见表3－6。

表3－6　　　　　　　　　面板门槛估计结果

emp	Coef.	Std. Err.	t	P > | t |	[95% Conf. Interval]	
gdp_ w	0. 0452	0. 0162	2. 7816	0. 0054	0. 0133	0. 0770
tert_ w	0. 0465	0. 0192	2. 4204	0. 0155	0. 0088	0. 0842
cap_ w	0. 0061	0. 0027	2. 2564	0. 0240	0. 0008	0. 0114
prod_ w	− 1. 9214	1. 1496	− 1. 6714	0. 0946	− 4. 1745	0. 3317
wage_ w	0. 0022	0. 0011	1. 9794	0. 0478	0. 0000	0. 0044
stu_ w	0. 0925	0. 0415	2. 2283	0. 0259	0. 0111	0. 1739
fdi_ w	0. 0009	0. 0003	2. 8325	0. 0046	0. 0003	0. 0015
con_ w (con_ w ≤17. 526)	2. 8880	1. 3106	2. 2036	0. 0276	0. 3192	5. 4568
con_ w (con_ w > 17. 526)	− 1. 7559	0. 8832	− 1. 9883	0. 0468	− 3. 4869	− 0. 0250
_ cons	2321. 5090	344. 9527	6. 7299	0. 0000	1645. 4017	2997. 6163
sigma_ u	1621. 0007					
sigma_ e	91. 8540					
rho	0. 9968	(fraction of variance due to u_ i)				

F 统计量为：F（9，243）＝52. 47；显著性检验的结果为：Prob > F = 0；表明模型整体达到显著性要求，拟合优度组内 R 方为0. 6602。

由表3－6可知，当命令控制型环境规制的数值小于等于17. 526时，命令控制型环境规制对就业的影响在5%的水平下显著为正，系数为2. 8880，即命令控制型环境规制强度每提高1%，就业就相应提高2. 8880。当命令控制型环境规制的数值大于17. 526时，其在5%的显著性水平下对就业产生负向影响，系数为 − 1. 7559。这说明命令控制型环境规制对就业的影响是非线性的，这里表现为先促进后抑制的作用。这一结果验证了本章做出的假说 H_1，当命令控制型环境规制强度大于17.526后，就会对就业产生负向影响，所以命令控制型环境规制的实施应该有一个适当的强度，否则会适得其反，反过来抑制就业的增长。而当强度小于17.526时，其对就业的影响是正向的，可能的原因是此时命令控制型环境规制对就业产生的"要素替代效应"大于"规模性应"，且命令控制型环境规制也会使企业增加末端治理的投入，因而此时对就业的影响是正向的。

五　市场激励型环境规制面板门槛估计及实证结果分析

同样的，在采用面板门槛模型分析前，首先需要确定模型存在的门槛数量，进而根据门槛的个数与数值，建立相对应的面板门槛模型，并使用固定效应模型对面板数据进行估计。结果见表3-7。

表3-7　　　　　　　　　门槛效果自抽样检验

模型	F 值	P 值	BS 次数	临界值		
				1%	5%	10%
单一门槛	12.444***	0.000	500.000	12.172	10.160	8.295
双重门槛	1.413	0.500	500.000	11.194	7.999	6.952
三重门槛	6.514	0.133	300.000	9.246	8.451	7.023

注：*** 代表在1%的水平下显著。

由表3-7可知，单一门槛的估计结果在1%的水平下显著，F值为12.444，双重门槛与三重门槛的估计结果均不显著，表明模型存在单一门槛。门槛数值的估计结果见表3-8。

表 3 - 8　　　　　　　　　　　门槛估计值和置信区间

模型类型	门槛估计值	95% 置信区间	
单一门槛模型：	51642	2.70E + 04	5.90E + 04
双重门槛模型：			
Ito1	1.10E + 05	1.50E + 04	1.40E + 05
Ito2	5.20E + 04	4.20E + 04	5.20E + 04
三重门槛模型：	4.20E + 04	1.50E + 04	8.40E + 04

由表 3 - 8 可知，单一门槛的估计数值为 51642，门槛的参数图见图 3 - 4。

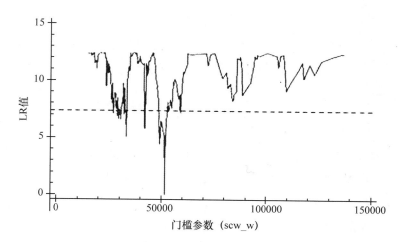

图 3 - 4　单一门槛的估计值及置信区间

从而可以认为，市场激励型环境规制对就业的影响存在单一门槛效应，需要采用单一门槛模型对面板数据进行回归分析。单一门槛的面板固定效应模型估计结果可见表 3 - 9。

表 3 - 9 面板门槛估计结果

emp	Coef.	Std. Err.	t	P > | t |	[95% Conf. Interval]	
gdp_ w	0.0310	0.0160	1.9397	0.0524	− 0.0003	0.0624
tert_ w	0.0405	0.0190	2.1273	0.0334	0.0032	0.0778
cap_ w	0.0050	0.0017	2.9241	0.0035	0.0017	0.0084
prod_ w	− 1.6618	0.9222	− 1.8020	0.0715	− 3.4694	0.1457
wage_ w	0.0021	0.0011	1.9085	0.0563	− 0.0001	0.0043
stu_ w	0.0781	0.0416	1.8802	0.0601	− 0.0033	0.1596
fdi_ w	0.0009	0.0003	2.8896	0.0039	0.0003	0.0015
sew_ w (sew_ w ≤ 51642)	− 0.0018	0.0006	− 3.1070	0.0019	− 0.0029	− 0.0007
sew_ w (sew_ w > 51642)	0.0013	0.0005	2.4166	0.0157	0.0002	0.0023
_ cons	2330.6660	341.1355	6.8321	0.0000	1662.0404	2999.2916
sigma_ u	1606.5930					
sigma_ e	91.0178					
rho	0.9968	(fraction of variance due to u_ i)				

F 统计量为：$F_{(9, 243)}$ = 53.93；显著性检验的结果为：Prob > F = 0；表明模型整体达到显著性要求，拟合优度组内 R 方为 0.6664。

由表 3 - 9 可知，当市场激励型环境规制的数值小于等于 51642 时，市场激励型环境规制对就业的影响在 1% 的水平下显著为负，系数为 − 0.0018。当市场激励型环境规制的数值大于 51642 时，市场激励型环境规制对就业的影响在 1% 的水平下显著为正，系数 0.0013，即市场激励型环境规制强度每提高 1%，就业就随之提高 0.0013。这说明市场激励型环境规制对就业的影响也不是线性的，这里是表现为先抑制后促进的。这也验证了本章的假说 H_2，即不断深化市场激励型环境规制政策，当强度大于 51642 时，其对就业的影响显著为正。说明中国应该继续深化市场激励型环境规制政策，充分发挥其在治理环境的同时对就业的促进作用。而当强度小于 51642 时，其对就业的影响为负，可能的原因是此时企业还未适应市场激励型环境规制所带来的影响，"规模效应"大于"要素替代效应"，且也可能企业此时注意到了源头治理的重要性，技术的提升减少了生产性劳动力的需求。

六　两种环境规制相互作用的面板门槛估计及实证结果分析

根据前文的假设，不同类型环境规制的组合使用可能也会对就业产生不同的影响，一种环境规制工具对另一种环境规制工具的就业效应是否会产生"门槛效应"，一种规制类型对就业的影响是够会依存于另一种规制强度的变化，需要通过分别设定不同类型的环境规制作为门槛变量来进行检验。这里分别讨论命令控制型环境规制和市场激励型环境规制作为门槛变量的情况。首先以市场激励型环境规制作为门槛变量，命令控制型环境规制作为门槛的依赖变量，对是否存在"门槛效应"进行检验。检验结果见表 3 - 10。

表 3 - 10　　　　　　　　　门槛效果自抽样检验

模型	F 值	P 值	BS 次数	临界值		
				1%	5%	10%
单一门槛	5.522	0.280	500.000	25.094	14.639	10.892
双重门槛	4.206	0.187	500.000	27.901	16.010	8.564
三重门槛	3.624	0.200	300.000	29.732	21.076	5.786

由表 3 - 10 可知，命令控制型作为市场激励型的依变量时，单一门槛、双重门槛与三重门槛的估计结果均不显著，F 值分别为 5.522、4.206、3.624，表明模型不存在门槛效应。所以，以市场激励型环境规制作为门槛变量，命令控制型环境规制作为门槛的依变量时，并不存在"门槛效应"，这一结果拒绝了本章的假说 H_4。

但当将二者互换，以命令控制型环境规制作为门槛变量，市场化环境规制作为门槛依变量时，"门槛效应"却是存在的。这一结果验证了本章的假说 H_5，详细的检验结果如下：同样，在采用面板门槛模型分析前，首先需要确定模型存在的门槛数量，进而根据门槛的个数与数值，建立相对应的面板门槛模型，并使用固定效应模型对面板数据进行估计。结果见表 3-11。

表 3-11　　　　　　　门槛效果自抽样检验

模型	F 值	P 值	BS 次数	临界值		
				1%	5%	10%
单一门槛	9.347 **	0.020	500.000	11.117	8.626	6.361
双重门槛	11.503 **	0.041	500.000	20.344	7.000	4.121
三重门槛	3.085	0.166	300.000	7.935	5.675	4.846

注：** 代表在 5% 的水平下显著。

由表 3-11 可知，单一门槛与双重门槛的估计结果 5% 的水平下显著，F 值分别为 9.347、11.503，三重门槛并不显著，表明模型存在单双重门槛。门槛数值的估计结果见表 3-12。

表 3-12　　　　　　门槛估计值和置信区间

模型类型	门槛估计值	95% 置信区间	
单一门槛模型：	16.509	16.304	16.711
双重门槛模型：			
Ito1	30.289	28.762	30.511
Ito2	16.509	16.304	17.156
三重门槛模型：	23.51	18.834	47.529

由表 3-12 可知，两个门槛的估计值分别为 16.509、30.289，门槛的参数图见图 3-5、图 3-6。

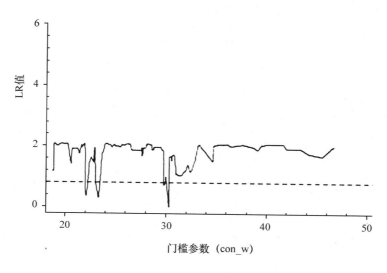

图 3 – 5　第一个门槛的估计值及置信区间

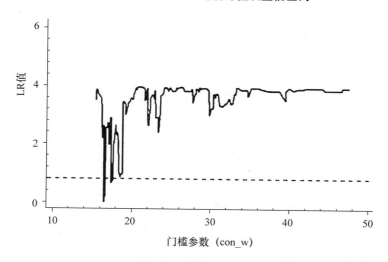

图 3 – 6　第二个门槛的估计值及置信区间

从而可以认为，命令控制型环境规制对就业的影响存在双重门槛效应，需要采用双重门槛模型对面板数据进行回归分析。双重门槛的面板固定效应模型估计结果可见表 3 - 13。

表 3 - 13   面板门槛估计结果

ope	Coef.	Std. Err.	t	P > | t |	[95% Conf. Interval]	
gdp_ w	0.0361	0.0153	2.3525	0.0186	0.0060	0.0661
tert_ w	0.0398	0.0183	2.1797	0.0293	0.0040	0.0756
cap_ w	0.0046	0.0016	2.8217	0.0048	0.0014	0.0077
prod_ w	− 0.9433	0.4356	− 2.1654	0.0304	− 1.7971	− 0.0895
wage_ w	0.0024	0.0011	2.2284	0.0259	0.0003	0.0045
stu_ w	0.0783	0.0394	1.9883	0.0468	0.0011	0.1556
fdi_ w	0.0015	0.0003	5.0586	0.0000	0.0009	0.0021
con_ w	1.4381	0.6946	2.0704	0.0384	0.0767	2.7996
sew_ w（con_ w ≤16.509）	− 0.0011	0.0004	− 2.9169	0.0035	− 0.0018	− 0.0004
sew_ w（16.509 < con_ w≤30.289）	0.0012	0.0005	2.3229	0.0202	0.0002	0.0023
sew_ w2（con_ w >30.289）	− 0.0006	0.0002	− 2.3811	0.0173	− 0.0011	− 0.0001
_ cons	2391.6040	324.5614	7.3687	0.0000	1755.4637	3027.7443
sigma_ u	1607.1820					
sigma_ e	86.3331					
rho	0.9971	（fraction of variance due to u_ i）				

    $F_{(11, 241)} = 38.38$；显著性检验结果为：Prob > F = 0；表明模型整体达到显著性要求，拟合优度组内 R 方为 0.4127。

    根据表 3 - 13 可知，公众诉求型环境规制的实施对中国就业产生了正向的促进作用，这一结果验证了本章的假说 H_3。其中平均工资水平（wage）在 5% 的显著性水平下对就业产生正向影响，系数为 0.0024，即平均工资水平（wage）每提高 1%，就业就相应提高 0.0024；万人口在校大学生数（stu）在 5% 的显著性水平下对就业产生正向影响，系数为 0.0783，即万人口在校大学生数（stu）每提高1%，就业就相应提高 0.0783。由此可以看出，随着中国经济发展水平和生活质量的不断提高，中国公民对于所生存的环境质量也开始有了更高的要求，公民的环境意识不断上升，正在逐渐用自己的行动自发地形成一些环境规制行为，且这些行为正在为中国的经济发展及就业产生一定的正向促进作用。这种研究结果告诉我们，应不断地通过提高教育水平、提升收入水平、增加环保宣传、加强环保法治实施等的手段来增加公民的环保意识，使公众诉求型环境规制更加积极有效地配合其他常用的规制类型以发挥其积极的促进作用。

门槛效应检验结果表明，中国市场激励型环境规制的就业效应显著存在基于命令控制型环境规制的"双门槛效应"，两个门槛的估计值分别为 16.509 和 30.289。从表 3 - 12 的模型估计结果可以看出，当一个地区的命令控制型环境规制强度低于 16.509 时，其所实施的市场激励型环境规制在 1% 的显著性水平下对该地区的就业产生了负面影响，影响系数大小 - 0.0011。当命令控制型环境规制强度超过了16.509 的最低门槛后，市场激励型环境规制对就业的影响由负转正，且依然显著，影响系数大小为 0.0012，表明此时的市场激励型环境规制显著促进了就业的增长。可是，当该地区的命令控制型环境规制强度超过 30.289 后，市场激励型环境规制的就业效应由正向影响变为负向影响，并且在 5% 的水平下显著，影响系数大小为 - 0.0006。由此不难看出，中国市场激励型环境规制对就业的影响是受到命令控制型环境规制强度的影响的。在进行环境规制政策的选择和制定时，不应单一片面地选择某一种类型的环境规制，而应该注重多种类型的环境规制相互配合所产生的作用。市场激励型环境规制和命令控制型规制工具是互相补充、相互促进的，而不是互相排斥的，将二者组合起来使用，当二者都达到适当的规制强度时，会对就业产生非常积极的促进作用。当某一地区命令控制型环境规制强度很低时，市场激励型环境规制也很难实现其对就业的促进作用；而当某一地区命令控制型环境规制强度逐渐提升，跨越最低门槛后，市场激励型环境规制对就业的促进作用就会显著提升，二者在最佳区间内形成合力，发挥最大的效用；而当某一地区命令控制型环境规制强度超过了一定的门槛数值，过度的强制性行政命令，就会导致市场激励型环境规制工具的作用得不到有效发挥，命令控制型环境规制与市场激励型环境规制工具的组合效用降低，也降低了对就业的促进作用。

控制变量的结果：

国内生产总值（gdp）在5%的显著性水平下对就业产生正向影响，系数为0.0361，即国内生产总值每提高1%，就业就相应提高0.0361，显然经济的发展对就业是起到促进作用的，经济发展水平越高，越能够增加社会对劳动力的需求。

产业结构（tert）在5%的显著性水平下对就业产生正向影响，系数为0.0398，即第三产业产值占总产值的比重每提高1%，就业就相应提高0.0398。由于目前中国正处在产业结构升级阶段，第三产业已经越来越成为吸纳就业的主要力量，所以在当前的社会经济水平下，大力发展第三产业，有利于促进就业率的进一步提升。

资本存量（cap）在1%的显著性水平下对就业产生正向影响，系数为0.0046，即资本存量每提高1%，就业就相应提高0.0046。投资的增加使得社会固定资产增加，产量增加，从而促进就业，与预期影响相符。

劳动生产率（prod）在5%的显著性水平下对就业产生负向影响，系数为 - 0.9433，劳动生产率每提高1%，就业就相应下降 - 0.9433。说明此时因劳动生产率提高而减少的就业仍多于因其提高、利润增加而导致的就业增加。

外商直接投（fdi）在1%的显著性水平下对就业产生正向影响，系数为0.0015，即外商直接投资每提高1%，就业就增加0.0015。说明FDI的引进对于该地区投资的挤出效应小于该地区引进FDI的经济促进效应，因而产生了对就业的正向影响。

同时本章还通过双重门槛面板模型计算得到的两个门槛数值，将本章采用的 28 个省份样本分成了三个部分，即弱命令控制型环境规制区域（con ≤ 16.509）、中度命令控制型环境规制区域（16.509 < con ≤ 30.289）和强命令控制型环境规制区域（con > 30.289），所得结果见表 3 - 14 所示。

表 3 - 14　　　　　　依据门槛值的样本分组结果

分组	门槛变量值	各组包含省市	样本容量
弱命令控制型环境规制	con ≤ 16.509	广东、河南、四川	3
中度命令控制型环境规制	16.509 < con ≤ 30.289	福建、甘肃、贵州、河北、黑龙江、湖北、湖南、吉林、江苏、辽宁、青海、山东、陕西、上海、天津、云南、浙江、重庆	18
强命令控制型环境规制	con > 30.289	安徽、北京、广西、海南、江西、宁夏、山西	7

　　由表 3 - 14 可以看出，大部分的省（市）处于中度命令控制型环境规制区域，说明市场激励型环境规制对于大部分省（市）都能够显著提升就业水平。位于弱命令控制型环境规制区域的有广东、河南、四川 3 个省，市场激励型环境规制对就业产生抑制作用，这些地区应注重加强命令控制手段对环境的规制。位于强命令控制型环境规制区域的有安徽、海南、山西等 7 个省（市），市场激励型环境规制对就业产生负向影响，这些省（市）处于中部地区居多，经济相对没有东部地区城市发达，命令控制型环境规制占主导地位，忽视了市场的作用，在规制工具的组合使用方面做得并不到位，同时还包括了北京、山西等污染较为严重的省（市），说明国家为了改善这些城市的环境，所做的行政性规制已经过多，一定程度上影响到了经济和民生的发展。

第五节　结论与政策建议

一　主要结论

本章将环境规制进行分类，分别研究了命令控制型环境规制、市场激励型环境规制和公众诉求型环境规制对就业的影响。通过构建面板门槛模型，使用中国 28 个省市自治区 2006—2015 年的省级面板数据，研究了三种类型的环境规制分别对就业产生的影响，着重研究了命令控制型环境规制和市场激励型环境规制彼此间的相互作用对就业所产生的非线性影响。

实证结果表明，命令控制型环境规制对就业的影响表现为先促进后抑制，当命令控制型环境规制强度越过某一拐点时，其对就业的影响作用显著为负，所以施行命令控制型环境规制时一定要注意控制规制的强度，防止过高强度的行政规制所带来的负面影响。市场激励型环境规制对就业的影响表现为先抑制后促进，这说明一时的抑制并不能否定市场激励型环境规制这一规制方式，达到一定临界点后，它会对就业起到显著的正向促进作用。同时，市场激励型环境规制对就业的影响还显著存在于基于命令控制型环境规制的"双门槛效应"中。当命令控制型环境规制强度低于 16.509 时，市场激励型环境规制会抑制就业的增长；当命令控制型环境规制强度介于 16.509 和 30.289之间时，市场激励型环境规制对就业的影响由负转正，与命令控制型环境规制相辅相成、相互作用，促进就业；而当命令控制型环境规制强度超过 30.289 后，市场激励型环境规制对就业表现出抑制作用，这说明这两种环境规制在一定的强度区间下有着对就业促进作用的最佳组合。另外，公众诉求型环境规制也会对就业起到促进作用，能够很好地与其他类型的环境规制相配合。

从对命令控制型环境规制强度的划分来看，中国大部分省份位于中度命令控制型规制区域，在这部分区域中，命令控制和市场激励型环境规制相互配合促进，对地区就业产生了很大的促进作用；位于弱命令控制规制区域内的有广东、河南等3个省份，两种环境规制类型不能达到最优区间，无法相互配合，使得市场激励型环境规制对就业产生了一定的抑制作用；位于强命令控制规制区域内的有山西和安徽等7个省份，这些省份大多属于中部地区，或属于污染程度较高的省（市），经济相对不发达或污染程度过高，导致这些城市过分依赖政府主导的命令控制型环境规制，使得市场激励型环境规制对就业的影响呈现抑制作用，行政手段的过分使用阻碍了市场机制增加就业的影响效果。

通过以上分析可以看出，三种环境规制类型对就业的影响都是不同的，在选择规制类型的时候，不能一刀切地只选择其中一种形式，而应该注意多种形式之间的相互配合。同时，中国目前常用的两种规制类型，命令控制型环境规制和市场激励型环境规制对就业相辅相成地产生影响。中国各个地区实施环境规制政策时，应该按照该地区实际现有的命令控制型环境规制强度，来确定市场型规制工具的规制强度。行政化强度过低的地区可适当增强自身的行政化规制强度以使其与市场化规制相互配合，行政化强度过高的地区则应注意放松政府的监管，多利用市场机制的作用以达到环境与就业的双赢。

二　政策建议

（一）合理控制命令控制型环境规制力度

由实证分析可知，过高强度的命令控制型环境规制会抑制就业的增长，所以政府在进行命令控制型环境规制时，在实现治理环境目标的同时，应充分考虑企业对于规制所带来成本增加的可接受程度，以及企业的生产积极性，避免物极必反，不仅没有达到规制效果，还导致企业生产受限，国家经济及就业受损。

（二）深化市场激励型环境规制以促进就业

由实证分析可知，深化市场激励型环境规制有利于企业提升清洁生产水平及治污技术，从而在长期的角度上提升企业竞争力，进而促进就业。所以，有效使用市场激励型环境规制工具能够使整个社会逐步进入绿色生产阶段，从而逐渐从源头治理环境污染问题，提升企业的国际竞争力，有利于整个国家经济的发展及就业的增加。

（三）注意培养社会公众的环境意识

由于公众诉求型环境规制对就业起到促进作用，所以，提高社会公众的环境意识，使其能够自发地提高对生存和环境的要求，自发地进行环境规制的举动，将更加有利于中国的经济民生发展。这就要求我们更好地建立健全中国的环境法治建设，进行环境方面的法律宣传、道德宣传，努力提高居民受教育程度及收入水平等，让环境意识内化到社会公众的日常生活中。并且从长期来看，个人和企业环境意识的增强是最好的环境规制手段，因为其能够最大限度地减少政府在环境问题上的投入，也能够最大限度地从源头上解决环境问题，所以培养公众环境意识应作为中国后续进行环境规制的重要任务。

（四）重视各个类型环境规制的组合效应

根据本章的实证分析发现，环境政策的制定并非是针对某一种环境规制类型的简单选择，而是要合理地选择不同类型环境规制的强度，使各种规制类型达到最优组合效应，规制效应的有效发挥是各种环境规制类型共同作用的结果。为达到环境与就业问题的共赢，必须重视命令控制型、市场激励型以及公众诉求型环境规制等多种规制工具的组合使用，使各种类型的环境规制工具都能在最优的环境规制强度上发挥自身的优点，从而建立一个良好的环境激励机制，更好地促进就业。

（五）充分考虑各地区环境规制政策强度选择的差异性

通过上文对中国各省按照命令控制型环境规制强度的分类，说明中国在环境规制政策及强度的选择上要充分考虑地区差异性，上海、天津和河北等18个省份目前的命令控制型环境规制强度已经位于能够促进市场激励型环境规制的就业效应的合理区间，市场化规制强度在命令控制型规制强度的配合下能够有效地促进就业，这些省份应意识到现有优势并继续保持这种政策选择。广东、河南等3个省份需要适度提高命令控制规制强度以使其与市场激励规制强度相匹配，进而形成一种合力来共同促进就业，而山西和安徽等7个省份则可以适度降低命令控制规制强度，给予市场机制更多的空间，让地区的环境规制活力增强，从而更好地促进就业。只有这样根据不同地区的情况具体分析，才能使中国各省份环境规制的就业促进效应得到充分发挥，实现经济发展、就业与生态环境保护的和谐共赢。

第四章 环境规制产生的倒逼机制Ⅰ：
对技术创新的影响

第一节 引言

一 研究背景与意义

随着环境污染问题日益严重，国家对环境保护越来越重视，粗放型的经济发展模式正在向以技术为主导的经济发展模式转变。现阶段找到既能保护环境又能促进经济发展的方式是重点，技术创新作为经济持续发展的核心动力，对解决环境保护与经济发展问题起着重要作用，环境规制政策是进行环境保护的重要手段，如何处理好环境规制与技术创新的关系成为解决问题的关键，因此，探究环境规制对技术创新的影响作用就变得尤为重要。环境规制对技术创新的作用不仅受到政治制度、经济发展水平的影响，还受到历史文化、地理位置等因素的影响，所以学术界对两者之间的关系进行了许多研究，但是研究的结论各不相同。中国各地区的环境条件、资源禀赋、历史文化等因素的差异，使得环境规制对技术创新的影响表现出了显著的差异。本章旨在梳理环境规制与技术创新的关系，为环境规制政策制定过程中环境规制强度、工具的选择提供重要参考，找出影响区域环境规制与技术创新差异的主要原因，对差异进行对比分析，为各地区制定相适应的环境规制政策提供理论支持与建议。

二　概念界定与理论基础

（一）概念界定

技术创新普遍被认为是改造现有产品从而创造出新产品的技术活动，此改造过程往往包括对生产过程和服务的改进。1912 年熊彼特在《经济发展理论》一书中给出了技术创新的定义，其认为技术创新意味着全新的生产函数即全新的生产要素组合，技术创新是指从产品开发到生产过程中一系列的创新。1939 年熊彼特在《经济周期》一书中对技术创新做了进一步说明和补充，认为技术创新不仅包括工艺创新、产品创新还包括新设备、现金的管理模式以及企业开辟新的营销市场。美国国家科学基金会定义技术创新为一个解决问题的过程，一个活动的过程，是企业为了获得竞争力改变现状而进行的创造过程。技术创新是一种同时具有社会价值与经济价值的应用行为。中国研究人员把技术创新的定义分为两类：广义技术创新与狭义技术创新。广义的技术创新是指企业通过一系列的创新过程运用新的科技成果进行生产活动，生产出符合消费者需求的产品与服务的过程即技术创新是指企业运用新的工艺、新的生产方式，生产出新的产品，提供更优良的服务，从而达到提高企业利润率，占领市场的过程。狭义的技术创新仅仅是指企业生产活动中的新技术成果。为了便于量化技术创新成果，本章关于技术创新的定义为企业研发活动所取得的新技术成果。

（二）理论基础

1. 环境污染的外部性

环境污染造成的空气污染与水污染问题严重地威胁到了大众的健康安全，如何制定合理的政策来保护环境解决污染问题引起了人们的广泛关注。了解环境污染的负外部性是解决环境污染问题的关键。Sidgwick 在 1887 年就开始关注私人产品与公共产品的不一致性问题，以灯塔的建造为例，私人建造灯塔为来往的船只提供服务以此来收取费用，不交费用的船只也能享受到灯塔提供的服务，从而产生了外部性，所以需要政府进行干预。福利经济学创始人庇古在1920年以私人边际成本、私人边际收益和社会边际成本、社会边际收益建立了静态外部性理论的基本框架。由于私人边际成本与所造成的社会边际成本的差异，新古典经济学认为仅仅依靠市场机制就能够使得资源配置达到最优状态是不可能实现的。在灯塔、交通等一些基础设施以及环境污染等例子中都可以看到经济活动所造成的影响，即外部性。

庇古认为外部性是市场机制的内在缺陷，为了市场机制的正常运转必须消除外部性。外部性可以分为正外部性与负外部性。正外部性是一个经济主体的经济行为对他人产生了有利的影响，即该经济行为造成的社会效益大于个体效益。此时该主体的行为使得其他人得到了好处而自己并没有得到相应的报酬。一个家庭把自家门前的草坪修整一新，也使得邻居从中受益，这个家庭修整草坪的行为产生了正外部性。负外部性是指一个经济主体的经济行为对其他经济主体产生了有害的影响，即经济行为造成的社会成本大于个人成本。此时该主体的行为使得其他人遭到了损失而自己并没有付出相应的代价。工厂随意排放的污水污染了环境，导致下游居民癌症发病率上升，工厂的排污行为产生了负外部性。

环境污染问题的负外部性主要是指工厂无节制地排放废水、废气、废物造成的一系列污染问题。仅仅依靠市场调节机制这只"看不见的手"无法有效地解决环境污染问题，必须由政府制定相关的政策进行解决，环境规制起到了重要的作用。环境污染是社会面临的最重要的负外部性。有三种规制政策可以解决环境污染中市场机制的失灵问题：（1）政府法律制定企业排污标准限制企业的排污量与污染物达标程度；（2）政府征收排污费把企业的污染排放成本内化；（3）政府根据各区域的环境阈值制定污染排放总量，实行可交易的污染排放许可制度，市场化的污染排放许可证交易制度能够有效地解决环境污染的外部性问题。起初政府制定排污标准、技术规范等强制性的政策控制污染，随着环境规制政策丰富，排污费、排污权交易等市场型的规制政策起到了重要作用。通过环境规制措施把企业造成的社会成本内在化，以此来弥补企业的排污行为造成的个体成本与社会成本的差异，使得社会边际收益等于社会边际成本，从而使得社会的总福利水平达到了最大化。

2. 环境污染的公共品特征

一个同时具有非排他性与非竞用性的物品称之为公共产品。非排他性是指当一个人在消费某产品时无法排除其他人使用本产品。非竞用性是指其他消费者的加入无法降低之前消费者对该产品的正常消费，即非竞用性意味着向其他消费者提供产品的边际成本为零。环境污染具有典型的公共品特征，在不受规制时任何工厂都可以向大气中排放废气，向河流中排放废水，其行为不影响其他工厂的排放行为。

美国学者 Hardin （1968） 提出的"公地悲剧"指出环境资源容易出现这种现象的原因是：环境资源作为一种公共物品，每一个经济人都希望自己的收益最大化，从而忽略了生态环境的承受能力，过度使用资源造成的社会成本远远大于个人成本，从而使得生态环境持续恶化。

三　研究方法

（一）文献研究法

关于环境规制对技术创新产生怎样的影响作用，学术界已经进行了较为全面的研究。学者们提出了不同的观点。第一，环境规制对技术创新产生负面影响作用；第二，环境规制对技术创新活动产生正面影响作用；第三，环境规制对技术创新呈现的影响为非线性关系；第四，环境规制与技术创新无确定影响关系。中国各地区的环境条件、资源禀赋、历史文化等因素的差异，使得环境规制对技术创新的影响表现出了显著的差异。本章运用文献研究法，认真梳理环境规制对技术创新的影响作用，找出影响区域环境规制与技术创新差异的主要原因，对差异进行对比分析，为各地区制定相适应的环境规制政策提供理论支持与建议。

（二）定量分析法

把环境规制引入生产函数，构建环境规制与技术创新的数理模型，对模型进行数理推导得出两者之间的影响关系，验证环境规制对技术创新的影响机制分析，使机理分析更具有说服力。此外，构建固定效应模型，利用省级面板数据，定量分析环境规制对技术创新的影响作用。

通过对以往文献的分析与总结，发现以往文献在研究环境规制对技术创新的影响时，通常只根据前人的理论假设直接将回归模型设定为线性的模型或者非线性模型，这样的做法没有很强的说服力。本章将环境因素作为企业必需的生产要素引入 C－D 生产函数，根据企业的利润最大化原则，对函数进行推导，求出环境规制与技术创新之间非线性的"U"形关系。最后通过实证检验来验证说明环境规制与技术创新之间的"U"形关系。

（三）比较分析法

本章在国内外的文献研究中，对比分析了环境规制与技术创新的影响作用，在此基础上，引入数理模型对两者之间的关系进行探究，得出环境规制与技术创新之间的"U"形关系。因为各地区环境条件、资源禀赋、历史文化等因素的差异巨大，所以把中国分为东、中、西部三个地区，分别讨论环境规制对技术创新活动的影响，根据回归结果对环境规制与技术创新的区域差异进行对比分析。

四　主要内容

本章研究环境规制对技术创新的影响，包括以下五部分：

第一节为引言，主要介绍研究背景，阐述环境规制的必要性、研究的意义、相关概念界定和理论介绍，以及研究内容和方法。

第二节是文献综述，分别梳理环境规制与技术创新相关的文献。

首先梳理了国内外文献关于环境规制对技术创新影响的研究，分别阐述了"遵循成本效应""创新补偿效应"等环境规制产生的影响以及环境规制对技术创新的影响关系，然后就国内外环境规制对技术创新活动影响研究的相关文献进行梳理。

第三节根据环境规制的外部性、公共品特征、"波特假说"、EKC曲线等相关理论，就环境规制对技术创新的影响进行理论分析，讨论其作用机制。建立环境规制与技术创新关系的数理模型，推导出环境规制与技术创新的"U"形关系。概述了环境规制与技术创新的相关理论，并提出研究假说。

第四节采用中国 30 个省（市）2006—2016 年的面板数据，运用固定效应模型进行实证检验。把全国分为东、中、西部三个地区分析研究环境规制技术创新效应的地区差异，验证环境规制与技术创新的非线性关系。

第五节对于环境规制与技术创新的关系和两者关系之间的地区差异进行相关总结，并根据结论提出相关的政策建议。

第二节　文献综述

发达国家经济高速发展的同时，环境污染问题日益严重。所以发达国家最先遭遇到了保护环境与发展经济的"悖论"。环境规制是保护环境的重要措施，经济持续发展的核心动力来自于技术创新，环境规制能否促进企业进行技术创新是解决好经济可持续发展与实施环境规制的关键。早期，新古典学派从静态角度出发来分析环境规制的经济效应，在研究时假定消费需求、资源配置、技术水平不变来衡量环境规制对于企业生产活动的影响，得出结论：环境规制使得企业的生产成本增加，加重了企业的负担，从而不利于企业的发展与技术创新活动。Magat（1978）将静态模型扩展为动态模型，重点研究环境规制对于企业资源配置的影响。环境规制影响了企业研发资金的方向，一部分资金用来进行污染减排技术投资，一部分资金用来进行生产技术投资。企业的最优选择是当污染排放作为一种特殊的生产要素价格越来越昂贵时，企业会提高生产技术从而降低单位产量内污染物的排放。中国对于环境规制的研究开始于最近的十几年，随着中国环境污染问题的日益加重，2013年空气污染、PM2.5指标成为家喻户晓的名词，这时候中国人才开始真正关注环境污染对大众造成的影响。关于环境规制对企业的技术创新活动的影响，国内外学者提出了不同的四种观点。

一　环境规制抑制技术创新

第一种观点认为，环境规制抑制技术创新。该观点从成本遵循的角度出发，认为当企业受到环境规制政策约束时，会挤出部分资金进行污染治理活动从而使得企业的生产成本上升，抑制了企业研发资金的投入和技术创新活动，降低了企业的竞争力。Dension（1981）的静态分析表明，环境规制和企业竞争力即技术创新之间存在反向关系。其关注的重点是环境规制成本，包括与污染减排行为有关的直接成本、环境规制引发的生产要素价格提高所造成的间接成本、企业为增加污染减排投资，而减少其他创新项目投资所导致的机会成本。假设在资源配置、技术和消费者需求固定不变的前提下，企业的最优选择是把一部分生产要素转向污染治理，环境规制的增强只会增加企业的成本负担，从而削弱被规制企业的创新能力和竞争力。Rhoades（1985）认为企业需要安装污染处理设备等环保设施，一次性解决环境规制的约束，这将挤占企业用于生产产品的创新投资，降低了企业的创新效率。Gray（1987）的研究认为环境规制使得制造业产业平均生产率下降。Gray通过对美国1980—1985年450个制造业的数据进行研究，并以这些企业的增长率与产品生产率为被解释变量，以美国的健康安全规制和环境规制为解释变量，最终研究结果表明两种规制措施使得制造业行业的生产率增长率平均每年下降0.57%，生产率平均每年下降39%。Wagner（2007）以德国工业企业为样本数据进行实证研究，验证环境规制与环境创新和发明专利申请受理数之间的关系，得出环境规制降低了企业发明专利的申请，即环境规制抑制了企业环境创新能力。解垩（2008）检验了环境规制对于工业技术进步的影响，得出结论，环境规制的增强导致工业 SO_2 排放量降低的同时，对工业生产效率有负向的影响，但影响不显著。企业污染治理投资的增加对技术进步没有明显的作用，对生产效率有负向的作用。许冬兰（2009）分区域对中国工业进行研究，以非参数数据包络法定量测量了中国工业技术效率，分析了中国 28 个省（直辖市）1996—2005 年环境规制对工业技术效率和生产力发展的影响。结果显示，东、中、西部地区的工业技术效率随着环境规制强度的增强而降低，环境规制对三个地区的生产力产生负面影响。在东部地区环境规制导致工业生产力下降 3.62%，中部地区下降 1.21%，西部下降 1.47%。东部地区受环境规制政策的影响付出的成本最高，这是 90 年代污染性行业转移到中西部地区的原因。

二　环境规制促进技术创新

第二种观点认为，环境规制能够激励技术创新。Porter（1991，1995）提出了著名的"波特假说"，认为合理的环境规制可以通过创新补偿效应激励企业进行技术创新，从而抵消环境规制带来的额外成本，提高行业竞争力。Porter 认为"创新补偿"效应的大小是实现环境规制和企业竞争力、经济增长之间"双赢"的关键，准确地说，很大程度上取决于环境规制能否促进企业的技术创新，因此企业应该摒弃"环境规制必然会导致成本增加的这种没有远见的想法"。Lan-jouw（1996）以专利数量作为技术创新的指标，分析了美日德三国环境规制与技术创新的关系，研究发现环境规制促进了专利数量的增长。Jaffe（1997）利用 1975—1991 年美国制造业的面板数据，实证分析了环境污染治理投资支出对生产技术创新的影响，结果表明滞后的环境污染治理投资对研发投入具有显著的促进作用，治理投资平均每增加 1% ，研发投入增加 0.15% ，从而促进了生产技术的创新。
Hamamoto （2006）在对日本制造业进行研究后得出了与 Jaffe 相似的
结论，其认为加大污染治理支出，会显著促进研发投入的增加，并逐
渐增强制造业行业技术创新能力。赵红（2008）以 18 个产业为例，
研究了环境规制对研发资金投入与专利申请数量的影响，结果表明，
从长远的角度考虑环境规制对技术创新有着明显的促进作用。环境规
制强度平均每提高 1% 导致研发资金投入增长 0.19% ，专利申请量提
高 0.3% 。陆旸（2009）研究了环境规制对于污染密集型行业的出口
竞争力之间的影响以此来验证中国"污染避难所假说"是否成立。
结果表明，增强环境规制强度不仅没有降低污染密集型行业的出口竞
争力，反而显著地增强了"钢铁产品""纸和纸浆产品"以及"化工
产品"的比较优势，增强了上述行业的出口竞争优势。江珂（2009）
研究了环境规制对中国区域技术进步的影响，结果显示，环境规制对
技术进步存在时间效应，在中长期促进技术进步。在东部地区环境规
制显著地促进了技术进步，在中、西部与东北地区对技术进步的作用
不明显。Innes （2010）研究企业污染排放量与环保发明专利之间的
关系，以美国制造业企业为样本，结果表明美国环境规制政策能够增
强企业环保技术创新，降低污染排放量。王国印和王动（2011）以
专利申请数量和研发经费支出作为技术创新的指标，研究对比中国
东、中部地区环境规制对技术创新的差异性影响。对于中部地区环境
规制对专利申请数量有显著正向影响，对于东部地区环境规制对科研
经费支出与专利申请数量都有显著的正向影响。

三　环境规制与技术创新呈非线性关系

第三种观点认为，环境规制对技术创新的影响是非线性的"U"
形关系；即当环境规制强度较低时，环境规制抑制技术创新活动，环
境规制强度越过拐点后，环境规制对技术创新有促进作用。张成等
（2011）把技术进步分为了治污技术进步与生产技术进步，重点研究

了环境规制对生产技术进步的影响。结果显示，环境规制对生产技术的影响符合"波特假说"，并且在强度维度上，较弱的环境规制抑制生产技术进步，随着环境规制的增强生产技术得到促进，即环境规制与技术创新之间的关系为"U"形关系。沈能和刘凤朝（2012）为验证"波特假说"对1992—2009年中国29个省市进行研究，利用面板门槛模型分析环境规制对技术创新的门槛效应。结果表明，环境规制对技术创新的影响存在一个拐点，大于这个门槛值环境规制才能促进技术创新，即在强度维度上环境规制与技术创新是"U"形关系。这恰恰证明了"波特假说"[①] 中合理的环境规制的表述。

四 环境规制与技术创新无关系

第四种观点认为，环境规制与技术创新之间无明显关系。Conrad（1995）以1975—1991年德国10个重工业产业为样本，研究环境规制对生产率的影响，结果表明环境规制对重工业行业生产率的影响因各行业的特点而不同。即环境规制导致一部分产业的生产率降低，而对其他产业的生产率没有明显的影响作用。Pan（1995）认为企业家作为理性的经济人，他们的目标是企业利润最大化，如果环境规制能够提高企业的技术创新水平，那么在企业没有受到规制时，企业家会主动去实施环境规制下的行为，显然这与现实情况不相符。Brännlund（1995）以1989—1990年瑞典41家造纸企业为样本，研究对比在环境规制与无环境规制下的企业利润，发现环境规制与企业利润之间无明显的联系。Boyd（1999）以美国造纸业1988—1992年的面板数据为研究对象，研究了环境规制对纸浆生产效率的影响，环境规制政策下部分企业生产率上升，部分企业生产率下降。Alpay（2002）实证分析了环境规制对美国食品加工业生产率和利润率的影响，从不同市场结构角度分析得出环境规制对企业食品生产率有负的影响，对企业

---

① 事实上，porter（1991，1995）在研究中蕴含了环境规制和技术创新的"U"形关系，合理的环境规制即是对"U"形拐点的解释。

利润率无显著影响。

综上所述，学者们通过不同的模型、指标、数据进行研究得出了不同甚至相反的结论。早期学者们认为环境规制必然增加企业的成本，从而使得环境规制对于技术创新产生负面的影响。"波特假说"理论的提出为国内外学者们研究环境规制政策的影响作用提供了新的思路。中国学者对环境规制的研究主要是围绕"波特假说"展开，且结论多支持"波特假说"，随着研究的深入有学者提出了环境规制与技术创新的非线性的关系。

本章研究环境规制对技术创新的影响，把环境作为生产要素引入生产函数，对数理模型进行推导为环境规制与技术创新的非线性关系提供理论支持。考虑到环境规制技术创新效应的地区差异，把各省分为东、中、西部地区进行实证研究，以此来研究环境规制对技术创新影响的非线性关系与地区差异效应。

第三节　环境规制对技术创新的影响机制及理论假说

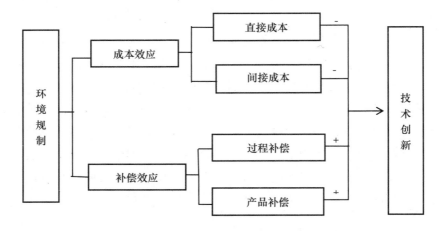

图 4-1　环境规制对技术创新的影响机制分析

理论上讲，由于环境规制对技术创新影响的创新补偿效应与遵循成本效应呈现相反方向，环境规制政策对技术创新的净影响取决于两者之间的力量对比。

一　遵循成本效应

关于环境规制政策对于技术创新的影响问题，随着时间的推移出现了不同的观点。初期，学者们认为环境规制必然导致企业把一部分资金用于污染的治理，从而导致企业生产成本的增加，挤占了创新研发投资，对技术创新产生了负面的影响。政府制定环境规制政策对企业生产活动的污染排放标准进行了严格控制，所以企业必须降低污染排放量或者进行污染治理技术创新等措施来适应环境规制的制约。在短期内，企业会加大投资以此来适应环境规制政策，从而导致增加了企业的成本，分为直接成本和间接成本。

直接成本是在环境规制政策的约束下，企业购买新的生产设备和污染治理设备所产生的成本。环境规制政策造成的直接成本又可以分为可变成本与固定成本。面对环境规制政策，企业为了解决污染物排放问题，会选择新的机器生产设备。在企业场地的选择上也会考虑环境规制政策带来的影响从而增加了企业的成本。考虑企业长远发展的前景，为了应对预期环境规制政策的变化，企业在购买污染治理设备和生产设备时会考虑设备的使用年限等问题，提高了设备选择的难度，加重了企业负担。可变成本是指在环境规制政策的约束下，企业的生产要素价格会上升，从而导致企业成本的增加。环境规制强度的增加对于以污染密集型产业为主导产业的省份影响巨大，在环境规制政策的约束下，企业在短期内为了适应环境规制政策必须引进新的设备或加大污染治理投资来降低污染排放量。

间接成本是指企业购入新的生产和污染治理设备后，需要对员工进行培训使其熟练操作新的设备所产生的成本。企业在购入新设备后需要花费时间和一定的资金对员工进行培训，增加了企业的时间成本和生产成本。企业为了应对环境规制政策其机会成本可能会增加。如小型企业因为受到资金短缺的影响无法购买新的生产与污染治理设备，企业污染排放导致企业的成本增加，从而没有足够的资金去投资其他营利的项目，最终导致企业机会成本的增加。

二 创新补偿效应

随着"波特假说"的提出，环境规制政策的创新补偿效应得到了学者们的关注。当企业受到环境规制时，为了长期降低成本以及取得先动优势，企业必将增加研发投资，从而获得生产技术的提高。合理的环境规制政策在长期内可以促进企业进行技术创新，从而抵消短期内环境规制产生的成本效应。最终环境规制会促进企业的技术创新并提高企业效益。面对政府的环境规制，企业为追求自身利益最大化，可以通过技术创新来提高生产效率改进生产技术，此时企业可以获得更多的利润来增加污染治理投资，或者通过绿色生产技术的创新减少污染物的排放。随着经济的发展，技术创新成为企业保持竞争优势、可持续发展的重要手段。作为理性经济人，企业家应该意识到环境因素对企业发展的重要作用，所以增加研发投资、创新生产工艺、购买新设备成为企业的必然选择。面对政府制定的环境规制政策带来的约束，企业积极进行技术创新活动，不仅能降低污染的排放而且还会提高企业的生产效率与利润率。

随着环境规制强度以及公众环保意识的增强，在长期内，企业会增加研发投入从而使得技术创新得到一定的积累，这就是"创新补偿效应"。我们把创新补偿效应分为两种：一种是过程补偿；一种是产品补偿。过程补偿是指企业在生产过程中讲究资源循环原则，注重环境保护，积极采取降低污染的绿色技术，最终创造新的价值。过程补偿包括创新动力、创新能力、创新策略三个因素。

企业的外部需求与自身的技术创新驱动共同促进了企业的技术创新动力。随着消费者环保意识的逐渐增强，其对绿色产品的需求日益增加，市场的竞争使得企业自身有追求技术创新的需求，这两种内外需求共同促进了企业技术创新的动力。在传统的经济发展模式下，社会的目标是消除贫穷所以粗放型的经济发展模式忽略了环境保护的重要性。企业为了追求短期自身利益的最大化，一味地生产产品并且无处理地排放生产所产生的废物，对环境造成了严重的污染而没有承担相应的环境治理责任。当政府制定环境规制政策时，企业受到法律法规的约束会加大新技术的投资力度，使用绿色技术来生产产品。目前，政府通过加大环保资金投入来改善环境保护基础设施建设，并且加大了对企业进行绿色技术创新的扶持力度。环境规制政策有利于环保技术的扩散，对企业进行技术创新起到了一定的推动作用。

企业的技术创新能力受到企业创新策略的影响。在环境规制政策的约束下，企业需要分析自身的优势与劣势，重新进行定位，在环境规制下获得竞争优势。企业的制度、研发资金的投入和研发人员的素质是影响企业技术创新的重要因素。在环境规制约束下，企业能否迅速适应约束，进行技术创新投入成为关键。创新策略是指企业能够适应环境规制政策，制定出企业长远发展的策略，促进企业规模利润的增大。

创新补偿效应的产品补偿是指在环境规制约束下，企业会选择更加环保的原材料进行生产活动，或者对于污染严重的产品，企业会降低产出或者转而生产其他产品，从而使得严厉的环境规制政策促进了企业的技术创新。

三 环境规制对技术创新影响的数理模型

企业生产的同时伴随着污染物的排放，在生产函数中污染物是一种必须的生产要素。技术既定时，企业产量越大，废水、废气等污染物的排放也就越多。政府为了控制环境污染制定环境规制政策，企业必须在环境规制制定的排污标准下进行生产活动。

研究环境规制政策对于企业技术创新的影响作用，借鉴张成

（2011）建立的非线性数理模型，在"遵循成本说"与"创新补偿说"中，学者们认为环境规制导致了企业资金的流向变化从而导致了对技术创新的影响。企业的生产函数为 $Y = A(K_A)f(K_P)$，P 代表产品价格，$f(K_P)$ 代表一定生产技术水平的产出水平，与生产资本投入正相关，$A(K_A)$ 为生产技术水平，企业的生产技术水平与技术资本投入 K_A 正相关。下面我们用 Y 表示企业的产出水平，企业受到环境规制后会把一部分生产集用于污染治理，企业的总生产集为 $Y = A(K_A)f(K_P)$，用于污染治理的生产集为 $\theta Y = \theta A(K_A)f(K_P)$，其中 θ 表示企业从总产出中抽取的用于污染治理比例，$0 < \theta < 1$，并且 θ 反映出环境规制的强度。

企业的污染函数 $W = (Y, E)$ 与产出水平 Y 和污染治理投资 E 有关，产出水平 Y 越高企业产量越高导致污染排放量越大，即 $W'(Y, \cdot) > 0$，污染治理投资 E 越高导致污染物排放量越低，即 $W'(\cdot, E) < 0$。政府制定污染排放标准即环境规制强度 R，企业在 R 的规制下进行生产。企业会采取两种措施来控制污染的排放：（1）企业增加研发资金，促进技术创新从而增加产量，技术创新意味着单位生产要素产量的提高，那么单位产量的污染排放量就会降低。产量的增加使得企业可以把更多的资金转入污染治理投资，从而降低污染排放量。（2）企业可以通过提高污染治理投资 E 来控制污染排放，污染治理技术水平 $N(E)$ 提高从而降低污染水平，设定 $N(E) = T_E$。企业的技术水平函数 $T = (A, N)$ 与生产技术水平 A 和污染治理技术 N 有关。生产技术水平与污染治理水平的提高都能促进企业技术水平的提高即 $T'(A, \cdot) > 0$，$T'(\cdot, N) > 0$。另外，该技术进步函数是可分离的，即 $T = T_A + T_E$ 其中 T_A 代表生产的技术，T_E 代表治污的技术。根据边际报酬递减规律，当企业刚开始进行污染治理时，企业的边际污染治理技术进步很大，当企业把全部的产品用于污染治理时，所带来的边际污染治理技术进步几乎为零。

根据上面的叙述可知，$E = \theta Y = \theta A(K_A)f(K_P)$，污染函数 W 取决

于企业的总产出 Y 与污染治理投资 E。则企业的优化行为可以表示为：

（1）$\max\Pi = P[A(K_A)f(K_P) - \theta A(K_A)f(K_P)]$

（2）$s.t\, W[A(K_A)f(K_P), \theta A(K_A)f(K_P)] = R$

此时企业的一阶求导的优化条件为：

（3）$\dfrac{\partial W}{\partial E} = -\dfrac{\partial W}{\partial Y}$

即治污的边际污染减少等于生产的边际污染增加。早期治污的边际污染减少量大于生产的边际污染增加量，随着污染治理投资 E 的增加，治污的边际污染减少量降低，最后达到最优状态。最终可得，

（4）$\dfrac{\partial T}{\partial A} = (\dfrac{\partial T_A}{\partial W} + \dfrac{\partial T_E}{\partial W}) \cdot [\dfrac{\partial W}{\partial Y}(1 - 2\theta)] \cdot f > 0$

由（4）式可知，

（1）当 $0 < \theta < 0.5$ 时，$[\dfrac{\partial W}{\partial Y}(1 - 2\theta)] \cdot f > 0$ 可得 $\dfrac{\partial T_A}{\partial W} + \dfrac{\partial T_E}{\partial W} > 0$，因为 $\dfrac{\partial T_E}{\partial W} > 0$，所以 $\dfrac{\partial T_A}{\partial W} > 0$。当环境规制强度较弱时，企业的污染物排放量随着环境规制强度的增强而降低，此时企业的生产技术水平降低。

（2）当 $0.5 < \theta < 1$ 时，$[\dfrac{\partial W}{\partial Y}(1 - 2\theta)] \cdot f < 0$ 可得 $\dfrac{\partial T_A}{\partial W} + \dfrac{\partial T_E}{\partial W} > 0$，此时 $\dfrac{\partial T_A}{\partial W}$ 可以是小于零或者大于零的数。当 θ 接近于 1 时，即环境规制强度持续增强时，此时企业的污染治理投资很大，使得 $\lim\limits_{E \to Y} T'(\cdot, E) \to 0$ 即 $\dfrac{\partial T_E}{\partial W} \to 0$，这个时候 $\dfrac{\partial T_A}{\partial W} < 0$。当环境规制强度较强时，企业的污染物排放量随着环境规制强度的增强而降低，此时企业的生产技术水平升高。

综上所述，提出本章的理论假说，即在环境规制政策约束下，当环境规制强度较弱时，环境规制强度增强导致企业的技术创新水

平下降；当环境规划强度较强时，环境规制强度的增强导致企业的技术创新水平上升，即环境规制强度与技术创新水平呈现"U"形关系。

第四节　环境规制对技术创新的实证分析

一　研究对象及数据来源

学者们研究环境规制对于技术创新的影响大都运用省级面板数据或某一地区的数据作为实证研究的对象。改革开放以来，中国经济飞速发展，由于国家经济发展战略、区域政治制度的影响，使中国形成了东、中、西部发展不同的格局。东部地区凭借着沿海优势以及先期的政策优势，经济得到了飞速发展。西部地区由于国家的西部大开发战略，经济也得到了一定的发展。中部地区经济发展水平与上述两地区相比有了明显的差距。由于各地区经济发展战略、地区资源禀赋、地理位置、文化等的差异，导致各地区环境规制水平与技术创新能力之间产生了巨大的差异。本章在理论分析的基础上，运用 2006—2016 年中国东、中、西部地区省级面板数据研究环境规制政策对技术创新的影响作用，并进行对比研究，从中得出有价值的研究结论，期望为中国各地区环境规制政策提供有价值的参考。

本章采用的是 2006—2016 年中国 30 个省份（直辖市，自治区）的面板数据作为实证研究的样本，台湾、香港、澳门、西藏因为数据缺失而删除。东部地区包括北京、浙江、天津、上海、江苏、河北、辽宁、广东、山东、福建、海南 11 个省份和直辖市；中部地区包括山西、河南、湖南、安徽、湖北、江西、内蒙古、吉林、黑龙江 9 个省份；西部地区包括四川、重庆、云南、贵州、广西、宁夏、青海、甘肃、陕西、新疆 10 个省份和直辖市。

数据来源于 2006—2016 年《中国科技年鉴》《中国环境统计年

鉴》《中国统计年鉴》《中国环境年鉴》以及国家统计局网站数据库。

二　模型建立

根据内生增长理论，技术创新是一种新知识的产出，需要包括人员投入、资金投入等多种因素在内的其他生产要素。可以用生产函数表示为：

（1）$Y = f(L, K, X)$

式（1）中，Y 表示技术创新产出；L 表示技术创新生产中的劳动投入；K 表示技术创新生产中的资金投入；X 表示技术创新生产活动的其他影响因素。本章将研究环境规制对技术创新的影响，所以将环境规制强度 ER 纳入技术创新生产函数中。考虑到各地区经济发展水平存在差异，经济资源的禀赋以及劳动的人力资本水平对各地区技术创新活动产生巨大的影响，所以将代表经济发展水平的地区生产总值和代表人力资本水平的平均工资加入到生产函数。C－D 函数在实证与经济学理论研究中有着重要的作用，技术创新生产函数是物质生产在技术领域的延伸，所以技术创新生产函数具有 C－D 函数的特性，可得：

（2）$Y = \alpha L^{\alpha_1} K^{\alpha_2} GDP^{\alpha_3} AWAGE^{\alpha_4} ER^{\beta_1}$

为了消除异方差和异常项对数据平稳性的影响，本章对模型（2）取对数，考虑到环境规制对技术创新的非线性影响，加入环境规制强度的二次项，计量模型可得：

（3）$\ln Y_{it} = \beta_1 \ln ER_{it} + \beta_2 \ln ER_{it}^2 + \alpha_1 \ln L_{it} + \alpha_2 \ln K_{it} + \alpha_3 \ln GDP_{it} + \alpha_4 \ln AWAGE_{it} + u_i + \varepsilon_{it}$

（3）式中 i 表示各省（直辖市、自治区）；t 表示时间为 2006—2016 年；Y 表示发明专利授权量代表的科技创新能力；L 表示科研从业人员数量；K 表示研发经费投入；AWAG 表示各地区的人力资本水平；GDP 表示各地区的经济发展水平。u_i 表示个体效应；β_1，β_2，α_1，α_2，α_3，α_4 为待估参数；ε_{it} 表示随机误差项。如 Y_{it} 表示第 i 省在第 t

年的发明专利授权量。

三　变量说明

被解释变量：技术创新水平（Y）。专利授权量可以用来衡量各地区的科技创新能力。专利可以区分为如下三种：第一，实用新颖专利，实用新颖专利是指对产品结构，形状进行设计，使其更加实用；第二外观设计专利，外观设计是指对产品的外包装图案色彩进行设计，使产品更具美感；第三，发明专利，发明专利是指在生产过程中对产品的生产方法、生产过程以及产品本身所提出的新的改进技术方案。对于发明专利来讲，实用新颖专利、外观设计专利技术水平较低，容易被学习模仿，所以发明专利授权量最能代表一个地区的技术创新水平，在知识产权保护力度不断加大的背景下，科研人员越来越重视将自己的发明成果申请专利，所以发明专利数量可以有效地衡量整个社会的技术进步水平。因此，我们选择的被解释变量的衡量指标为发明专利授权量 Y。选择发明专利授权量而不是申请量的原因是授权量是对技术创新的一种认可，除去了没有价值的发明专利申请，更大程度上反映企业整体技术水平的提升。

解释变量：环境规制强度（ER）。由于直接反映环境规制强度指标的数据难以获得，所以学者们通过以下的四类环境规制强度代理指标来描述解释变量。已有的研究文献对环境规制强度代理变量分为四类：第一是采用与保护环境相关的法律法规政策的数量作为衡量环境规制强度的指标。第二是采用经济发展水平作为衡量环境规制强度的指标，如陆旸（2009）以人均 GDP 作为环境规制强度的指标。第三是污染排放量，单位产值的污染物排放量或者根据各污染物排放量综合构建衡量环境规制强度的指标。第四是工业污染治理投资，沈能和刘凤朝（2012）用各地区工业污染治理投资除以工业总产值，张成（2011）用各地区工业污染治理投资除以工业增加值，求得单位产值的环境污染治理投资来作为衡量环境规制强度的指标。

目前多数文献采用工业污染治理投资或者各污染物排放量作为环境规制强度的指标。经济发展水平与环境规制政策法律数量在衡量环境规制强度时会有一定的偏差。采用经济发展水平衡量环境规制强度的弊端是，各地区因为自身产业定位的不同，地方政府的环境规制强度有所不同，在一些经济不发达的地区，因为注重畜牧业或者第三产业如旅游观光业，所以环境规制程度较强。这时经济发展水平不能成为衡量环境规制的指标。采用环境规制政策法律数量来衡量环境规制强度的弊端是，环境规制政策的法律法规在实行阶段会遇到诸多的问题，企业的一些寻租行为使得环境规制政策的效果大打折扣，所以环境规制政策法律数量很难反映环境规制的强度。以污染物排放量如废水、废气和固体废物排放量的变化衡量环境规制强度，相关专家指出以污染排放量表示的环境规制指标变化的一部分原因在于企业生产技术进步，所以不适于用该指标与技术创新进行回归。考虑到相关数据与指标的可得性与相对完善性，本章选取工业污染治理投资与工业增加值的比值来作为环境规制强度的指标。

控制变量包括技术创新人力投入、技术创新资本投入、经济发展水平和人力资本水平。

技术创新人力投入（L）。人力投入是企业进行科技研发活动的重要生产要素，是进行技术创新活动的核心力量。企业与各地区的科研从业人员数量是衡量其科技研发能力的重要标准，在本章中我们用科研从业人员人数来度量各省科研劳动力的投入量。

技术创新资本投入（K）。研发资金投入是技术创新的核心要素之一，研发资金的增加使得企业技术创新能力得到提升。在本章中我们用科研经费内部支出来衡量技术创新资本投入。

经济发展水平（GDP）。各地区的经济发展水平有所差异，不同的经济发展水平可能会影响各地区的技术创新能力。在本章中我们对各地区国内生产总值 GDP 以 2006 年为基期进行平减，来衡量经济发展水平。

人力资本水平（*AWAGE*）。各地区人力资本的水平是影响技术创新的重要因素，企业进行技术创新需要高水平的科研人员，企业核心科研人员的努力成果推动企业技术的创新。中国在改革开放的经济发展体制下，充分利用成本优势、产业定位优势等积极融入供给产业分工之中。通过消化吸收有力推动了自身经济的发展。人力资本是研发创新、消化吸收新技术的重要因素。在本章中我们用各地区平均工资水平衡量人力资本水平。通常来说，平均工资水平越高说明人力资本水平越高，技术创新能力就越强。

表 4 – 1   **变量说明**

名称	变量符号	变量含义	计算方法
被解释变量	Y	技术创新水平	发明专利授权数
核心解释变量	ER	环境规制强度	地区工业污染治理投资/工业增加值
控制变量	L	技术创新劳动投入	地区科研从业人员
	K	技术创新资本投入	地区研发经费内部支出
	GDP	地区经济发展水平	人均 GDP
	AWAGE	地区人力资本水平	地区人均工资水平

本章选取的数据跨度为 2006—2016 年，包括除西藏、香港、澳门、台湾以外的 30 个省、直辖市数据。样本总体的变量描述性统计如表 4 – 2 所述，描述了全国范围内环境规制强度、技术创新水平、技术创新投入等指标的平均值，以及各省之间环境规制强度、技术创新水平、技术创新投入等指标之间的差异。东、中、西部地区样本部分变量描述性统计如表 4 – 3 所述：（1）发明专利授权数东部 > 中部 > 西部，说明技术创新水平东部最高，中部相对落后，西部最落后；（2）环境规制强度东部 > 西部 > 中部；（3）科技创新资本与人

力投入水平东部＞中部＞西部；（4）地区经济发展水平东部＞中部＞西部，中国经济发展水平平均来说由东向西是逐渐降低的。

表 4 - 2　　　　　　全国变量的统计性描述

变量指标	平均值	标准差	最小值	最大值
lner	3.4363	0.7325	1.2782	5.6400
Lner^2	12.3423	5.1412	1.6339	31.7700
lnl	9.5639	1.0388	6.7000	12.0469
lnk	14.0677	1.4643	9.9544	17.3200
lnawage	10.5446	0.4305	9.6400	11.6947
lngdp	10.1591	0.5178	8.6600	11.2968
lnpatent	7.2345	1.5683	3.1400	10.6202

表 4 - 3　　　　　　分地区部分变量的统计性描述

	平均值		
变量指标	东部	中部	西部
lner	3.7699	3.1952	3.3604
Lner^2	14.7848	10.6118	11.7434
lnl	9.9578	9.6634	9.0406
lnk	14.9914	14.0008	13.1116
lnawage	10.6982	10.4177	10.4895
lngdp	10.5802	10.0306	9.8115
lnpatent	8.1715	7.1011	6.3237

四　实证分析结果

（1）图形分析

为了直观地观察环境规制强度与技术创新之间可能的关系，作2006—2016 年全国、东、中、西部地区，环境规制与技术创新的散点图。在图 4 - 2 中我们可以看到，全国、西部地区环境规制强度与技术创新近似呈现出非线性的"U"形关系；东部地区环境规制强度与技术创新近似呈现出抑制或非线性的"U"形关系；中部地区环境规制强度与技术创新近似呈现出抑制的关系。考虑到环境规制对技术创新的影响受到其他因素的影响，我们需要对数据进行计量回归分析，从而得到更准确的影响关系。

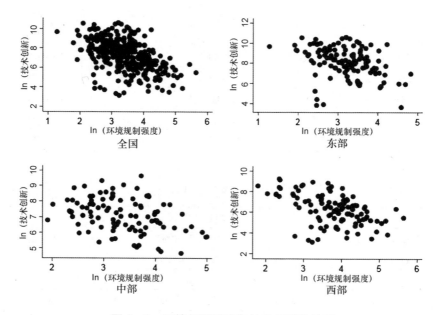

图4-2　环境规制强度与技术创新的关系

（2）回归结果分析

本章以中国的30个省、直辖市、自治区为研究对象，采用固定效应模型，考察环境规制对技术创新的影响作用，并且中国分为东、中、西三部分，探究分析环境规制对技术创新的影响是否存在地区空间差异。本章采用Stata13计量软件，对数据进行豪斯曼检验，结果显示固体效应模型更合理。利用固定效应模型对面板系数模型进行估计，结果如表4-4所示。

表 4 - 4   回归结果

变 量	地 区			
	全国	东部	中部	西部
lner	- 0. 3493 ***	- 0. 5893 ***	- 0. 3383 *	- 0. 5336 **
	(- 3. 29)	(- 3. 17)	(- 2. 03)	(- 2. 38)
Lner^2	0. 0555 ***	0. 0947 **	0. 0562	0. 0736 **
	(3. 38)	(2. 97)	(1. 86)	(2. 27)
lnk	0. 5099 ***	0. 4207 *	0. 6062 **	0. 4167 *
	(4. 03)	(2. 10)	(3. 29)	(1. 90)
lnl	0. 6652 ***	0. 4293	1. 4786 *	0. 6872 ***
	(2. 96)	(1. 24)	(1. 91)	(3. 43)
lnawage	1. 1285 ***	1. 0756 ***	1. 4980 ***	1. 6347 ***
	(4. 86)	(3. 33)	(3. 92)	(5. 06)
lngdp	0. 3793	0. 6358	0. 6604 *	0. 2920
	(0. 64)	(1. 31)	(1. 86)	(0. 67)
_ cons	- 19. 5062 ***	- 19. 7673 ***	- 24. 1799 **	- 18. 7028 ***
	(- 7. 84)	(- 5. 27)	(- 3. 07)	(- 8. 14)
N	330	121	99	110
R - squared	0. 9347	0. 9443	0. 9416	0. 9275
F 值	259. 06	384. 63	219. 09	142. 43
Hausman 检验	16. 10 **	17. 14 **	13. 01 **	19. 40 ***

注：括号内数值为相应检验的 t 值。* 、** 、*** 分别表示在 10% 、5% 、1% 水平上显著拒绝原假设。

固定效应的面板数据模型由于其本身具有的特点，模型中一些没有包含的发明专利授权量影响因素通过固定效应截距项反映，所以，模型的整体解释能力较强。

1. 全国范围内环境规制对技术创新的影响分析

（1）环境规制的一次项与二次项对技术创新具有显著的影响，并在 1% 的显著性水平上显著。说明环境规制强度与技术创新之间不是简单的线性的关系，两者呈现"U"形关系。环境规制强度的系数一次项为负，二次项为正，且对技术创新有显著的影响作用，这种影响作用可以对"遵循成本效应"与"创新补偿效应"两种效应做出合理的解释。当环境规制强度处于较低的水平时，环境规制约束下的污染治理成本较低，企业没有足够的动力进行生产技术创新，由于环境规制的作用，企业需要增加一部分资金去治理污染，这就会挤占研发资金，使得企业的技术创新的研发受到负面的影响。一般而言，在企业受到的环境规制程度较弱时，环境作为一种生产要素价格会小幅度上升，但是企业的环境成本在可承受范围之内，所以企业的技术创新动力不足，技术创新需要大量的资金投入，技术产出不确定，企业进行技术创新活动的风险性比较高。随着环境强度的逐渐增强，环境作为一种生产要素价格会大幅度上升，超越企业的环境成本的可承受范围，企业的污染治理成本将大幅增加。为了长远的发展，企业会增加研发投入通过技术创新来减少污染排放从而降低企业的环境成本。从长期来看，技术创新在降低污染排放的同时会给企业带来更大的好处，生产率的提高、绿色产品的生产增加了企业的市场竞争力，使企业获得了技术创新的优势，这时"创新补偿效应"占主导地位。

（2）研发资金投入。研发资金投入平均每增长1%，技术创新的指标发明专利就会增长0.509%，研发资金在1%的显著性水平上正向影响技术创新。研发经费的增加对企业进行技术创新活动的促进作用明显。研发经费的增加是企业重视技术创新的表现，技术创新需要研发资金的投入，资金的持续投入是国家整体技术进步的重要保障。

（3）科研从业人员。科研从业人员平均每增长1%，技术创新的指标发明专利就会增长0.665%，研发资金在1%的显著性水平上正向影响技术创新。科研从业人员的增加对技术创新的促进作用明显。企业的科研人员数量越多，往往意味着重视技术研发，是技术密集型的企业。在现实生活中技术人员的数量与研发资金的投入成为了衡量一个企业技术研发能力的指标，这样的企业往往对本行业技术标准的制定有很深刻的影响。高素质人才为企业进行技术研发创新提供了充足的保障，是企业进行技术创新的重要因素。

（4）人力资本水平。技术创新活动需要投入人力资本，科研从业人员从数量上解释了其对发明专利数量的影响作用，人力资本水平从质量上解释其对发明专利数量的影响作用。人均工资水平代表的人力资本水平平均每增长 1% 技术创新的指标发明专利就会增长 1.128%，研发资金在 1% 的显著性水平上正向影响技术创新。人力技术水平的提升对企业技术创新活动的促进作用明显。

（5）经济发展水平。地区的经济发展水平系数为正，说明一个地区经济发展水平越高，发明专利授权数所代表的技术创新水平就越高。人均 GDP 平均每增加 1%，发明专利授权量增加 0.379%，经济发展水平解释了地区的综合实力，经济发展水平作为衡量地区实力的一个指标，往往代表着更强的科技研发能力。

2. 各地区环境规制对技术创新影响因素的区域差异分析

分别对东、中、西部各省份地区进行回归检验。结果显示，环境规制对技术创新的影响在东、中、西部存在显著的地区差距。

东部地区，环境规制强度的一次项系数在 1% 水平上显著为负，二次项系数在 5% 水平上显著为正，说明东部地区环境规制与技术创新之间是一种非线性的关系，即呈现"U"形关系。"创新补偿效应"在东部地区得到体现。研发资金投入平均每增长 1% 技术创新的指标发明专利就会增长 0.420%，科研从业人员数量对发明专利有正向的影响，但是不显著。这说明在经济发达的东部地区，影响科研活动的重要因素中，资金投入越来越重要，而科研人员数量的影响作用不是那么明显。在东部地区，人力资本水平同样对发明专利授权量有显著且重要的影响作用，人均工资水平代表的人力资本水平平均每增长 1% 技术创新的指标发明专利就会增长 1.075%，是所有控制变量中影响最重要的因素。体现了人力资本水平的重要性。这也是发达国家重视人员素质的重要原因，发达国家的高技术水平与其人力资本水平呈现正向的关系。

在中部地区，环境规制的一次项系数显著为负，二次项系数为正但是不显著，说明在中部地区，环境规制与技术创新之间是简单的线性关系，还没有形成显著的"U"形关系。对比东、西部地区，可能是因为在国家发展战略中，首先开放沿海城市，带动东部地区快速发展。随着东部经济发展到达一定的阶段，环境污染问题严重突出，导致东部各地方政府制定了严格的环境规制政策，使得一些低端污染严重的企业转向中、西部地区生产。由于西部地区工业发展模式不同，低端污染严重企业转向中部。中部地区在环境规制政策的约束下，企业只能抽出研发资金进行污染治理，从而导致技术创新活动受到负的影响。中部地区矿产资源丰富、种类齐全，拥有自然资源优势，属于资源禀赋型区域，是中国重要的原材料、能源加工生产基地，所以中部地区产业多以资源密集型劳动密集型为主。这可能是中部地区环境规制强度与技术创新水平之间没有形成"U"形关系的原因。研发资金投入平均每增长 1% 技术创新的指标发明专利就会增长 0.606%，科研从业人员数量平均每增长 1% 技术创新的指标发明专利就会增长 1.478%，这说明在经济不发达且环境保护政策较弱的中部地区，资金投入与科研人员数量对技术创新产生了重要的促进作用。在中部地区，人力资本水平同样对发明专利授权量有显著且重要的影响作用，人均工资水平代表的人力资本水平平均每增长 1% 技术创新的指标发明专利就会增长 1.498%，是所用控制变量中影响最重要的因素。体现了人力资本水平的重要性。

在西部地区，环境规制强度的一次项系数在显著为负，二次项系数在 5% 水平上显著为正，说明同样在西部地区环境规制强度与技术创新水平之间是一种非线性的关系，即呈现"U"形关系。东、西部与中部相比，国家在经历改革开放，东部地区快速发展后，大力推进西部大开发战略，在保护生态环境的前提下，推动产业结构调整，发展特色产业，依靠培养人才、技术进步为保障，使西部地区经济得到快速发展。之后国家提出中部崛起战略，中部地区在经济发展上的相对落后，以及经济结构等原因，导致中部地区没有产生明显的环境规制强度与技术创新水平之间的"U"形关系。在西部地区，资金投入与科研人员数量对技术创新产生了重要的促进作用。研发资金投入平均每增长1%技术创新的指标发明专利就会增长0.687%，科研从业人员数量平均每增长1%技术创新的指标发明专利就会增长1.634%。在技术创新活动中，资金投入、研发人员投入、高科技人才的投入对于科研活动有着重要的促进作用。

东、西部地区，环境规制强度与技术创新水平之间都呈现出显著的"U"形关系，但是两者拐点对应的环境规制强度有差别。东部地区"U"形曲线的拐点对应的环境规制强度较低，即环境政策更容易促进企业进行技术创新，而西部地区只有环境规制强度达到相对较高的水平时，环境规制才能促进企业进行技术创新。

五　小结

本部分通过固定效应模型对环境规制强度与技术创新水平二者之间的关系进行实证研究，并对每一个影响因素进行了分析。最终的回归结果得出的结论与环境规制强度对技术创新水平影响机制的分析基本吻合。数理模型证明的两者之间非线性的"U"形关系在实证阶段等得到了验证，体现了理论机制与实证研究结果的融合，说明本章的计量回归结果是可信合理的。

中国现在面临着保护环境与发展经济的不协调关系，技术创新成为解决两者之间不协调关系的重要手段。政府只有制定合理的环境规制政策才能使得经济发展与环境保护达到双赢。由于不同地区经济发展战略、地区资源禀赋、地理位置、文化等的差异，导致各地区环境规划水平与技术创新能力之间产生了巨大的差异。环境规制政策的制定必须适应各地区的实际需求，使规制政策更具有针对性。如，考虑到中部地区普遍以资源密集型产业为主的特征，环境规制政策就不应该以政府的强制性命令为主。只有这样，各地区企业才能对资源进行最优的配置，在环境保护的基础上，促进技术创新促进经济的发展。

第五节　结论与政策建议

一　主要结论

（1）在中国环境规制对技术创新的影响存在明显的地区差异。把中国各省份划分为东、中、西部三个地区，其中东部包含 11 个省份，中部包含 9 个省份，西部包含 10 个省份，回归结果显示，东部地区与西部地区环境规制与技术创新之间存在"U"形关系，对于中部地区这种"U"形关系还没有显著地表现出来。环境规制有一个拐点，当环境规制强度较低即低于拐点值时，环境规制政策对技术创新活动产生负的影响，会抑制企业的技术创新活动；当环境规制强度高于拐点值时，环境规制政策对技术创新活动产生正的影响，会促进技术创新活动，这就说明了在东部与西部地区环境规制强度对技术创新水平先抑制后促进的"U"形关系。东、西部的环境规制拐点值不同，东部地区拐点值较低，西部地区拐点值较高，这可能与东、西部地区历史文化、经济发展、风俗等因素不同有关。

（2）在东、中、西部地区科研经费能够有效地促进企业进行技术创新活动，回归结果显示，科研经费平均每增加 1%，技术创新的指标发明专利授权量就会增加 0.5% 左右。对于科研人员数量对技术创新的影响，东、中、西部各地区有所差异。东部地区，科研人员数量对发明专利授权量有正向的促进作用，但是不显著。说明在经济发达且科研流程更完善的东部地区，科研人员的数量对技术创新活动已经起不到决定性作用了。而在经济发展落后且科研流程相对不完善的中、西部地区，科研人员数量显著地促进技术创新活动。

（3）在东、中、西部地区，人力资本水平的增加都对技术创新有巨大的促进作用。回归结果显示，人均工资水平代表的人力资本水平，平均每增长 1% 技术创新的指标发明专利授权量就会增长 1.128%，人力资本对技术创新活动的作用比研发资金更明显。人力资本水平的提高更能够促进经济的持续发展。在所有影响技术创新的因素中，人力资本水平是最重要的，即高素质人才对科技研发活动有着重要的促进作用。

二 政策建议

（一）根据各地区的实际情况分地区制定有针对性的环境规制政策

由于中国东、中、西部地区经济发展水平不同、发展战略、地区资源禀赋、历史文化等的多元化，所以国家制定的相关规制政策对各地区会产生不同的影响。只有适宜的环境措施才能与当地的经济发展相适应，从而促进技术创新活动的开展，进而有利于经济的持续健康发展。所以国家行政机构在制定相应的环境规制政策时，需要考虑到东、中、西部地区不同的生态环境与经济发展状况，鉴于环境规制政策对于技术创新活动不同的影响作用，制定差异化的规制政策，选择不同的环境规制类型与标准，保证各地区在改善环境的基础上，经济能够得到一定的发展，从而实现发展经济与环境保护的共赢。环境规制对技术创新的影响不但取决于环境规制的强度，还取决于具体的环境规制类型。以污染排放标准、污染排放额度等强制性的法律法规为代表的命令型环境规制，可以较快地解决环境污染问题，但是对企业的积极性缺乏足够的刺激作用，导致企业被动地接受约束，甚至停产。以污染治理投资、排污税费、环境补贴等为代表的市场激励型环境规制，可以有效地解决环境污染问题且在一定程度上对企业有激励作用，但是需要完善的市场机制作为保障。因此，政府在制定环境规制政策时需要根据各地区的实际情况如污染程度、经济发展水平等，采取有针对性的环境规制措施。

东部地区，市场机制比较完善，政府在制定环境规制政策时，应该考虑市场这只"看不见的手"的作用，充分发挥排污税费、排污权交易制度等环境规制措施，并且适当加大环境规制强度。中部地区，应该充分利用国家"中部崛起"政策的优势，积极推进第二产业的产业升级，推进人才培养，加大研发资金与人力的投入程度，积极应对环境规制政策越来越严峻的趋势。在西部地区，虽然环境规制强度与技术创新水平之间呈现"U"形关系，但是环境规制强度对应的拐点较高，为了应对环境规制政策的约束，应该加大科研投入，尤其是科研从业人员的投入。

现阶段，政府为了治理环境污染问题，主要采取强有力的命令控制性环境规制政策，导致大批的中小型企业停产倒闭，环境污染问题得到了较好的解决，但是地方经济的发展遭遇了前所未有的打击。所以政府需要从经济学角度出发去解决社会发展中的问题，从制定合理的环境规制政策入手，处理好环境保护与经济发展之间的关系。

（二）根据实际情况适时调整环境规制强度

随着时间的推移，地区自身条件与经济发展水平发生变化，环境规制政策发布后，企业一般会经历一段时间的调整期，随着对规制政策的适应，企业的生产效率逐渐由低转高。所以各地区环境规制强度与技术创新之间的"U"形关系可能会发生改变。政府在制定相应的环境规制政策时，需要考虑当前环境规制的强度处于所在地区"U"形曲线的位置。当环境规制对技术创新的作用处于抑制阶段时，适当减轻环境规制强度，相反，当环境规制对技术创新的作用处于促进阶段时，适当加强环境规制强度。随着地区的发展，企业面临的"U"形曲线中环境规制强度对应的拐点值的位置也可能会发生改变。

在东、西部地区，环境规制与技术创新的"U"形关系已经显现，政府在制定环境规制政策时，应该考虑合理的环境规制政策对技术创新的促进作用，适当加大环境规制强度。中部地区，环境规制对技术创新有着明显的抑制作用，政府在制定环境规制政策时，应该适当地降低环境规制强度，通过合理的规制政策解决环境污染与经济持续发展的问题。

（三）适当加大科研投入力度

充足的研发经费是企业进行技术创新的重要保障。加大科研经费投资，是国家、企业对技术创新活动重视的体现，科研经费的增加对技术创新活动有最直接的促进作用。针对环境规制会影响企业研发资金投入的现实问题，政府应该给予企业更多的政策扶持与资金支持。政府不但需要制定可持续的环境规制政策，为企业在技术创新等科研活动方面提供资金支持，还需要为企业的科研项目提供更便利的融资渠道与更有利的税收政策，从而缩短环境规制抑制技术创新阶段所需要的时间，增强环境规制政策的"创新补偿效应"值得注意的是，中国现行的科研管理体制需要进行适当的调整以此来适应环境规制政策约束下的科研活动。政府应该加强基础科学的研究为企业的应用科学研究提供良好的科学基础。

东部地区，应该加大科研资金投入，科研人员数量对技术创新活动的促进作用不显著。中、西部地区，科研资金与科研人员数量都对技术创新活动有着显著的促进作用，应该加大技术创新资本与人力的投入。

（四）提高人力资本水平，增加人力资本投资

由回归结果可知，东、中、西部地区影响技术创新因素中最重要的因素是人力资本水平。21 世纪是知识经济的时代，高技术人才所代表的技术创新能力在一定程度上反映了一个国家的竞争力，而高技术人才的培养需要人力资本的投资。人力资本投资为科技人才的培养创造了条件。提高科技人才的整体素质，优化科技队伍的结构，从而充分发挥市场机制对人力资源配置的基础性作用，是政府在制定政策时所需要考虑的。结果表明，人力资本对技术创新活动的作用比研发资金更明显。人力资本水平的提高更能够促进经济的持续发展。影响人力资本水平的主要因素有教育水平与工作经验等因素，所以国家与企业应该加大教育投资和职工培训。

第五章　环境规制产生的倒逼机制Ⅱ：内部效率的优化

第一节　引言

一　研究背景与意义

改革开放以来，中国经济迅速发展，从 2010 年起经济总量超过了日本，经济发展速度快，逐渐成为了世界上不可忽视的经济体。"五年来，中国国内生产总值从 54 万亿元增加到 82.7 万亿元，年均增长 7.1%，占世界经济比重从 11.4% 提高到 15% 左右，对世界经济增长贡献率超过 30%。"根据历年统计年鉴数据测算，中国制造业平均增速超过 GDP 增速，是工业的重要组成部分，对国民经济的发展起着重要的作用。2018 年政府部署中明确指出，加快制造强国建设，创建"中国制造 2025"示范区。着重发展制造业，促进制造业的现代化发展对中国综合国力的增强具有重要的意义。

在高速发展的同时，制造业也存在着很多问题，环境污染严重、资源匮乏以及生态破坏等问题使中国制造业的发展面临严峻的考验。美国耶鲁大学发布的《2016 年环境绩效指数报告》中显示，在 180 个国家中，中国环境绩效指数（EPI）为 65.1 分，位居第 109 位。长期雾霾天气会影响居民的生活和健康，在越来越注重生活环境和健康状况的今天，环境问题已经引起了社会各界的高度关注。

为了提高居民的生活环境质量和制造业的发展水平，政府对此也做出了很多努力。2017年政府重视大气污染的治理："重点地区细颗粒物（PM2.5）平均浓度下降30%以上；加强对煤炭使用的控制，控制节能减排，使71%的煤电机组排放量大幅度降低；调整能源结构，使煤炭使用比重下降，清洁能源使用比重上升。"为保卫青山绿水，2018年政府对推进污染治理提出了新的目标：二氧化硫等污染物的排放量下降，治理水污染，增加污水治理设施，减少土壤污染等。要完成政府工作的要求和居民生活及健康的要求，必须合理地利用环境规制。因而研究环境规制政策与经济的发展之间的关系符合现实发展的需要。

发展经济不是我们现在唯一的目标，在保护生态环境及合理地利用现有资源的前提下实现经济增长才能促进人与自然的和谐。随着时代的进步，中国经济的发展进入了新时期，产业结构的优化升级，经济的合理发展都离不开全要素生产率（体现经济发展质量水平的全要素生产率TFP每年以约4%的速度增长）的提高。二氧化碳的大量排放会使全球气候变暖，严重影响人们的生活，中国的二氧化碳排放量大，对整个世界的环境有着重要的影响。中国作为世界的一员，有责任减少污染排放，保护大家共同的生活环境。因而，保护环境，对破坏环境的行为进行管制成为中国经济发展过程中必须面对的问题。随着经济的多年增长，环境问题也同步显现，如何在高经济发展质量水平和环境保护之间保持平衡，对中国经济的发展有着重要的意义。

近年来，经济发展成为人们关注的焦点，环境保护也逐渐走进了大家的视野，关于经济增长的探讨越来越多，而全要素生产率作为衡量经济发展的指标，被学者们广泛应用。本章将中国23个制造业行业分为污染型和清洁型，使用非参数的Malmquist方法，利用DEAP2.1软件对制造业全要素生产率进行估计，是对现有文献的有益补充。

二 概念界定与理论基础

（一）全要素生产率的概念及其发展

全要素生产率（TFP），是全部生产要素的产出量和投入量的比值，它体现所有投入要素如资本、劳动等的综合生产效率，可以综合反映所有投入的生产要素的生产效率，是研究经济增长理论的一个重要概念，可表示为：

$TFP = Y/X$，其中 Y 表示总产出量，X 表示总投入量。

经济增长分为两部分，部分增长来自于投入要素的增长，例如劳动和资本，部分增长来自于技术的进步和效率的提高，即全要素生产率的增长。二战之后，全要素生产率作为经济增长的重要指标引起了各界的广泛关注。经济学家提出了计算全要素生产率的方法，并不断改进和发展，逐渐走向成熟。索洛（1957）提出了计算全要素生产率的方法，这种方法认为全要素生产率不能直接被观察，而是需要通过总产值、劳动和资本等因素间接得出，也就是劳动和资本生产率所不能解释的部分，这种方法被后人称为"索洛余值法"。随着理论的不断成熟，经济学家们在索洛研究的基础上提出新的计算方法，这种方法将投入要素分类并赋予不同的权重，加权之后将其放在总投入中。随后超越对数法及数据包络法等相继产生，经济学家开始使用 Malmquist 指数方法来测量全要素生产率，Fare 等人在 Caves 等人研究的 Malmquist 生产率指数的基础上发现了一种不用假设函数形式的非参数工具来测算全要素生产率，这种工具只需要相应的数据，将全要素生产率增长分解为效率变化和技术进步。由于这种方法简单并且数据容易获得，因而被广泛地应用在了全要素生产率的测算领域。史清琪（1985）对如何测量技术进步进行研究，1988 年魏权龄将数据包络分析法引进中国，推进了国内对全要素生产率的研究进程。

（二）全要素生产率的测量

测量全要素生产率的方法有很多，常见的有三种，分别是增长核算法、随机前沿面法以及非参数法。

1. 增长核算法

索洛在《技术进步与总量生产函数》（1957）一书中提出的计算

全要素生产率的模型中第一次涉及增长核算法，此模型首次将技术进步因素归结到经济增长之中，并指出全要素生产率增长的原因是除了资本生产率和劳动生产率之外的技术进步。随后，Denison 和 Jorgen-son 在索洛的研究基础上，采用超越对数生产函数，结合人力资本理论对完全竞争市场条件下的全要素生产率进行测算。这种算法在一定程度上能够预知经济发展的方向，但是由于完全竞争的环境在现实生活中很少存在，因而用这种方法预测的结果与实际经济情况存在着较大的差异。

2. 随机前沿面法

随机前沿面法属于参数法的一种，其计算方法如下：先假设一个生产函数，然后依据其假设的生产函数中存在的误差项的不同，通过不同的技术方法来估计参数，从而得出全要素生产率的增长率。这种方法考虑到随机误差项对经济的影响，把很多未知影响因素加入到模型中，能够更加准确地反映经济发展的现实状况，但是由于很难准确获得随机误差项的分布，这种方法并没有得到广泛的应用。

3. 非参数法

非参数分析法主要包括三种，分别为数据包络法（DEA）、指数法和 DEA – Malmquist。数据包络分析（Data Envelopment Analysis，DEA）是一种效率分析法，这种方法把相对效率评价作为基础，通过数学线性规划模型来计算技术效率，它的优点是不用考虑任何函数关系，也不需要对参数做出相应的假设。指数法用来测算不同时期生产率的变化，Malmquist 指数是目前使用最广泛的测算方法。Malmquist 指数最早出现在"缩放因子"的概念中，后来被用来研究全要素生产率。这种方法的主要优势在于假设条件少，少量的数据就可以测量出全要素生产率。

本章使用非参数 DEA-Malmquist 指数法[①]来测算中国 23 个制造业行业的全要素生产率，并应用计量模型实证研究环境规制对中国制造业全要素生产率的影响。

（三）理论基础

1. 环境资源的稀缺性

资源是有限的，人的需求是无限的，这便产生了人类的需求同资源之间的矛盾。长期以来，由于经济发展和人类生存的需要对环境资源的过度获取，以及对环境的破坏，我们生存的生态环境开始恶化。然而环境资源是不可再生的，当我们对环境资源过度使用时，环境资源在不断减少，如果我们不采取行动保护生态环境，我们将环境资源消耗完了，我们的后代就会为我们的行为买单，使他们生活在被破坏的环境中，他们要想恢复生态环境将要付出巨大的代价，因此从现在

---

① Malmquist 指数可以用距离函数对其进行定义，其中 x 代表投入，y 代表产出。则在 t 时刻的投入产出点为 (x^t, y^t) 相对应的 t 时刻的生产前沿的生产率表示为 $D_i^t(x^t, y^t)$。同理，在时间 $t+1$ 的投入产出点为 (x^{t+1}, y^{t+1})，相对应的距离函数为 $D_i^{t+1}(x^{t+1}, y^{t+1})$，根据 Caves 等学者基于投入的全要素生产率变化的 Malmquist 指数可以表示为

（1）$M_i^t = D_i^t(x^t, y^t) / D_i^t(x^{t+1}, y^{t+1})$

（2）$M_i^{t+1} = D_i^{t+1}(x^t, y^t) / D_i^{t+1}(x^{t+1}, y^{t+1})$

为了避免参照系的随意性，Fare（1997）提出用上面两个式子的几何平均值来代替 t 和 $t+1$ 期的全要素生产率的变动，同时将 Malmquist 指数分解为技术效率变动（effch）和技术进步（tech）两个指标，具体表达式如下：

（3）$M_i(x^{t+1}, y^{t+1}; x^t, y^t) = [D_i^t(x^t, y^t) / D_i^t(x^{t+1}, y^{t+1}) * D_i^{t+1}(x^{t+1}, y^{t+1}) / D_i^{t+1}(x^{t+1}, y^{t+1})]^{1/2}$

= 技术效率变动（effch）*技术进步（tech）

Fare 进一步将 Malmquist 指数分解为：M = pech * sech * tech，其中技术效率变动（effch）= 纯技术效率（pech）* 规模效率（tech）。

（4）$M_i(x^{t+1}, y^{t+1}; x^t, y^t) = [D_i^t(x^t, y^t) / D_i^t(x^{t+1}, y^{t+1})] * [D_i^{t+1}(x^{t+1}, y^{t+1}) / D_i^t(x^{t+1}, y^{t+1}) * D_i^{t+1}(x^t, y^t) / D_i^t(x^t, y^t)]^{1/2}$

M 指数即代表全要素生产率，M、effch、tech 的值大于 1 时，表示从 t 到 $t+1$ 时期，全要素生产率增长、技术效率改善、技术进步；M、effch、tech 的值小于 1 时，表示全要素生产率下降、技术效率恶化、技术退步。构成技术效率变动的纯技术效率和规模效率是在假定规模报酬可变下的分解值，是技术效率变动的根本原因。

开始保护和恢复生态环境十分重要。

2. 外部性理论

外部性是指一些人的行为或行动对其他人造成影响，使他们获得收益或者蒙受损失，却没有给予相应支付或得到相应赔偿。外部性分为两类，一类是对其他社会主体产生了正向影响的正外部性，这种影响使他人受益而不用支付额外的费用，另一类是对其他社会主体产生了负向影响的负外部性，这种影响使他人蒙受损失而不能得到赔偿。庇古使用边际分析法对外部性问题进行研究，当边际私人收益大于边际社会收益时存在负外部性，当边际私人收益小于边际社会收益时存在正外部性，外部性是普遍存在的，它是市场失灵的原因之一，始终影响着市场的有效运行。环境问题的产生根源在于外部性问题所导致的市场失灵，使得单纯依靠市场机制无法对环境资源做出合理有效的配置，因此需要政府的干预来使市场获得健康发展。

3. 公共物品的非排他性和非竞用性

公共物品的非排他性使公众能够随意地使用公共物品，由于没有使用限制，造成公众不考虑公共物品的承载限度而过度消费公共物品，而非竞用性也促使公共物品的无节制使用。由于公共物品的这两个性质，公众在消费这种物品时都不会对此消费付出额外的费用，因而每个人都尽可能多地使用公共物品，从而导致公共物品的过度消费。自然环境就属于公共物品，每个人都可以使用，如果不加以限制，自然资源就会被无节制地使用，因此需要制度的约束。

三 研究方法

（一）定量分析法

本章通过对中国23个制造业行业2003—2015年的面板数据进行研究，分析环境规制与全要素生产率之间的关系。运用综合测算方法对相关指标进行测算，建立实证模型对环境规制和全要素生产率之间的关系，从两个角度来分析环境规制对全要素生产率的影响，通过直接影响分析和间接影响分析，阐明两者之间的影响机制，在理论阐述的基础上进行数理模型的实证研究，结合中国制造业的实际情况验证两者之间的关系。

（二）比较分析法

本章不仅从整体的角度分析环境规制对全要素生产率的影响，还将制造业分为了污染型和清洁型，从部分的角度对此问题进行研究，比较分析了两个部分之间的差异。

四　研究内容

本章主要分为以下五部分：

第一节为引言，阐述了环境规制与全要素生产率的研究背景和研究意义，对环境规制和全要素生产率的概念进行了描述，提出了本章的研究内容及方法。

第二节文献综述，梳理现有文献，将已有的研究文献归类整理成四个不同的方向，并对相关研究做出评述。

第三节研究环境规制对全要素生产率的影响机制，分别从环境规制对全要素生产率的直接影响和间接影响来分析二者之间的关系。

第四节构建计量模型。将中国制造业整理分类，并对其全要素生产率和对应产业的规制强度进行测算，研究中国近十三年环境规制对全要素生产率的影响。

第五节提出政策建议。根据前文研究得出相关结论，结合中国的实际情况提出符合中国国情的政策建议。

第二节　文献综述

不同的学者运用不同的方法、不同地区及不同行业的数据研究得出了环境规制不利于全要素生产率的提高、环境规制促进了全要素生产率的提高、环境规制与全要素生产率呈非线性关系及环境规制对全要素生产率的影响不明确等四种截然不同的结论。

一　环境规制对全要素生产率的负向影响

Smith 和 Sims（1983）通过对加拿大啤酒厂 1971—1980 年的数据分析，发现进行管制的啤酒厂全要素生产率会下降。Gollop 和 Roberts（1983）通过对美国 56 个电力公司 1973—1979 年七年的数据，利用包含环境规制变量的生产函数来估算环境规制与全要素生产率之间的关系，结果显示由于排放监管强度的加大，使电力公司使用成本更高的低硫燃料，从而抑制了电力产业生产率的增长。Gray（1987）通过对美国 450 个制造业企业 1958—1978 年的数据进行分析，发现 20 世纪 70 年代，制造业生产率增长下降了大约 30%，可能归因于环境规制。Barbera 和 McConnen（1990）使用成本函数，对美国的五个制造业的生产增长率进行分析，发现 20 世纪 70 年代的减排要求导致生产过程中使用的能源和常规资本增加，从而降低这些行业的生产率，其下降幅度在 10% 到 30% 之间。Boyd 和 McClelland（1999）应用方向性距离生产函数进行实证研究，研究发现环境规制会导致潜在产出的减少。Lee（2007）通过韩国制造业 1982—1993 年的数据，发现，韩国的环境管制造成了这些年间生产率年均下降 12%。

二　环境规制对全要素生产率的正向影响

哈佛大学教授波特最早质疑环境规制不利于全要素生产率增长的观点，他认为环境规制可以促进企业不断开拓创新，同时能够提升全要素生产率。Porter 和 van der Linde（1995）指出，合理的环境规制政策使企业有动力去创新，从长期来看，合理的环境规制政策使企业有能力去承受治污所产生的成本，从而愿意进行技术创新来使自己的生产经营活动符合规制政策的要求，产生补偿效应。

Fare 等（2001）及 Ball 等（2001）讨论了考虑预期与非预期两种状况下环境规制与全要素生产率之间的关系，发现美国农业随着水污染的减轻，农业全要素生产率将提高。Berman 和 Bui（2001）分析了存在环境管制和不存在环境规制这两种情况下，美国石油冶炼企业生产效率的变化，研究结果表明，在有环境规制的情况下，企业的生产率会增加，在没有环境规制的情况下，企业的生产率会下降。Domazlicky 和 weber（2004）、Christophet 等（2008）、Yang 等（2011）分别以美国、德国和中国台湾的工业数据为研究对象，研究发现环境规制虽然会使企业的污染治理成本增加，但能够促进生产率增长。季永杰等（2006）对中国 6 个省的造纸业进行研究，研究发现当环境规制增强时，造纸业的效率有所提高。王兵等（2008）以二氧化碳排放量表示环境规制程度，利用 ML 指数的方法对 APEC 的 17个国家的环境政策对全要素生产率的影响进行研究，测算结果表明，1980—2004 年间这些国家在环境管制下全要素生产率的增长提高了。许冬兰和董博（2009）采用径向效率测量方法，实证研究表明1988—2005 年间中国 28 个省和直辖市增强环境规制力度提高了中国的技术效率。张成等（2013）、刘伟明和唐东波（2012）分别通过DEA 的曼奎斯特生产率指数方法和径向非角度方向性距离函数法对中国工业行业进行研究，研究发现，环境规制能够促进全要素生产率的提高，并且这种影响长期要比短期更明显。李树和陈刚（2013）通过对中国 APPCL2000 修订的研究发现，适度的环境规制政策不仅能改善中国的环境质量，还能促进生产率的增长。

三　环境规制对全要素生产率呈非线性关系

Porter 等（1991）、Groom 等（2009）以及 Chen 和 Hardle（2012）的研究表明在前期环境规制对全要素生产率起到阻碍作用，到达一定的时期存在一个拐点，之后起到促进作用，呈"U"形。张成和郭路（2013）以工业部门面板数据为研究对象，运用数据包络分析的 Malmquist 生产率指数方法测度生产技术进步指标，发现中国东中部地区环境规制与技术创新呈"U"形趋势。田银华等（2011）

研究发现 1998—2008 年在环境约束条件下中国 TFP 年均增长不到 10%。李玲和陶峰（2012）将制造业分为三类，利用面板数据模型研究发现，轻度污染产业环境规制与绿色全要素生产率、技术创新呈"U"形关系。沈能（2012）运用门槛面板模型对规制强度进行划分，发现环境规制对全要素生产率的影响不是单调的，不同的行业和不同的区间其影响系数都不同。刘和旺等（2016）以国有及规模以上 36 个两位数行业的工业企业为研究对象，发现 1999—2007 年九年间环境规制与企业全要素生产率呈倒"U"形关系。李强（2017）利用 2002—2011 年工业企业的微观数据研究发现，在垄断竞争的环境中环境分权与企业全要素生产率之间存在一种倒"U"形的关系。王杰和刘斌（2014）研究发现环境规制与企业全要素生产率之间符合倒"N"形的关系，即当政府实行较弱的环境规制时，企业的创新动力不足，全要素生产率会降低，当政府实行适当的环境规制时，会促使企业进行技术创新从而提高全要素生产率，当环境规制过于严格时，全要素生产率会下降。

四　环境规制对全要素生产率的影响不确定

Conrad 和 Whstl（1995）、Boyd 和 Mccelland（1999）以及李胜兰等（2014）分别对德国 10 个重度污染企业、美国造纸业和中国的环境管制政策与全要素生产率的关系进行研究，发现环境规制在不同的地区对不同产业的影响有所不同。Brannlund（2008）发现，从长期来看，瑞典的环境规制与其制造业全要素生产率无关。Ball 等（2004）研究了美国农业生产的非预期产出对农业全要素生产率的影响，研究结果表明，最初包容性生产率增长的程度比传统测度的生产率增长更弱，最终比其更强。张成等（2010）对 1996—2007 年 18 个工业部门的数据的研究分析表明，环境规制不是简单的促进或抑制工业部门全要素生产率的增长，从短期来看，环境规制对全要素生产率的影响并不明显，而长期来看会起到促进作用。屈小娥和席瑶

（2012）对中国 28 个省 1996—2009 年的全要素生产率进行了测算，将全要素生产率分解为技术效率变化和技术进步变化，研究结果表明全要素生产率增长的主要源泉在于技术效率的提高，增加环境污染治理投资有助于提高全要素生产率。聂普焱和黄利（2013）将工业分为高、中、低能耗等三类产业，研究发现环境规制政策对不同耗能产业有不同的影响，其中，当前环境规制强度对中度耗能产业的全要素生产率有抑制作用，对高耗能产业的全要素生产率影响不明显，对低耗能产业的全要素生产率起促进作用。

从以上文献综述中，可以看出，由于研究对象及研究方法的不同，得出环境规制对全要素生产率的影响有四种：第一种为环境规制阻碍全要素生产率的增长，第二种为环境规制促进全要素生产率的增长，第三种为环境规制与全要素生产率呈非线性的关系，第四种为环境规制对全要素生产率的影响不明确。从国外的研究文献来看，国外的研究大多数集中于对某个具体的行业的研究，从国内的研究来看，研究对象多为工业行业以及各省工业部门。本章在已有研究的基础上，以中国 23 个制造业行业为研究对象，将制造业进行分类，利用非参数的 Malmquist 生产率指数方法测算全要素生产率，并将其分解为技术效率指数和技术进步指数，采取线性标准化方法构建环境规制的综合测量体系来量化环境规制强度，研究环境规制对全要素生产率的影响。

第三节　环境规制对全要素生产率的影响机制及理论假说

一　环境规制对全要素生产率的直接影响

环境规制通过限制污染物的排放量、收取治污费用或要求企业进行技术升级等方式来治理污染，这些环境政策会使企业的成本增加，从而降低企业的市场竞争力，不利于企业生产效率的提高。主要观点如下所述：

第一，环境规制会对企业的生产前成本产生影响，例如固定成本和可变成本的变动。政府为保护环境，制定越来越严格的环境规制制度，企业在选用机器设备和生产选址上就会考虑到政府的环境规制强度，这方面的成本就会提高。当企业购买生产材料时，为了减少污染排放会购买价格相对较高的清洁材料，从而增加了企业的生产要素成本。

第二，环境规制会对企业生产过程中的成本产生影响。首先，环境政策要求更少的污染物排放量，企业要达到政府规定的标准，或通过增加成本，或提高技术减少排放量，而前者会造成企业生产成本的上升，使企业利润减少，后者在开始阶段会增加企业的成本，随着新技术研发的完成，企业成本降低，从而实现生产率的提高。此外为了减少环境污染的负外部性，企业需要支付缴纳污染排放费、购买排污许可证等。其次，企业采用的生产方法及加工方法会产生不同程度的污染，若减少污染物的产生，企业生产方法和工序的变化会在一定程度上增加企业的成本。最后，由于企业可使用的资源是有限的，环境规制所产生的环境保护成本和治污成本方面的投资会挤占企业其他领域的可赢利的投资，从而在一定程度上间接增加了企业的机会成本。

第三，在既定的生产技术条件下，企业要减少污染物的排放就需要投入治污费用，这些费用使企业为减少污染而投入的额外成本增加，减少了企业的利润，从而对全要素生产率产生影响。当有环境规制时，企业的生产函数相比于没有环境规制时的生产函数增加了治污投资，从而会直接减少企业用于生产的那部分投资。企业的资源是有限的，增加了治污投资必然会减少生产性投资，进而降低生产效率，使全要素生产率降低。

环境规制可能会通过影响企业的成本，对企业的利润产生影响，进而影响全要素生产率。首先，当利润降低时，企业会减少员工培训活动以及技术研发或引进先进技术等活动。当利润上升时，企业才能增加内部活动，增加对员工的培训及管理，改进生产技术，提高管理水平。企业在市场上竞争主要取决于技术的改进和新产品的开发，较低的利润使企业无力在这两个方面取得优势。当企业的研究与开发的投入减少时，不利于企业生产效率的提高，必定会降低整个社会的生产率。其次，利润下降会使得企业可支配的资金减少，从而使员工培训支出减少，对企业人力资源的质量产生影响，不利于企业的发展。

二　环境规制对全要素生产率的间接影响

环境规制对全要素生产率的间接影响一方面体现在技术创新上，另一方面体现在外商直接投资上。波特（1991）指出环境的污染给人们的生产和生活带来的负向影响使政府通过制定相关政策来限制产生污染的行为，这些政策在短期内，会使企业承受成本上升的压力，在一定程度上限制企业的行为，在长期，企业为了降低成本会改善自己的经营策略，提高效率或者改善技术来降低自己的生产成本，从而减少环境规制政策给企业带来的额外成本，同时借着环境规制的大环境影响，抓住机遇，提高企业的效率，从而增强自身市场竞争力，促进生产效率的提高。环境规制对外商直接投资既有抑制作用也有促进作用：环境规制强度提高，在一定程度上会提高企业的成本，限制外商直接投资的行业，对于那些想要转移劳动密集型和污染型企业的外商直接投资来说，存在着负向的影响，不利于他们进入中国。其次，环境规制政策的实施可能使中国政府更倾向于引进技术含量高，环境污染少的行业，并在相关政策上给予支持，从而增加这方面外商直接投资的引进。

1. 环境规制与技术创新

环境规制的目的是在保持经济增长的情况下保护生态环境，使企业不仅能够保证自身发展，还能够减少污染物的排放。企业在环境规制的外部压力下，要想长期促进企业发展就不得不进行技术创新，减少污染物的排放，从而达到环境改善和经济增长的目的。环境规制是否会引起技术创新，主要取决于"遵循成本假说效应"与"创新补偿效应"的大小。波特（1991）指出环境的污染给人们的生产和生活带来的负向影响使政府通过制定相关政策来限制产生污染的行为，这些政策在短期内，会使企业承受成本上升的压力，在一定程度上限制企业的行为，在长期，企业为了降低成本会改善自己的经营策略，提高效率或者改善技术来降低自己的生产成本，从而减少环境规制政策给企业带来的额外成本，同时借着环境规制大环境影响，抓住机遇，提高企业的效率，从而增强自身市场竞争力，促进生产效率的提高。具体情况如下：

第一种情况：环境规制对技术创新存在着积极的促进作用。环境规制政策的实施使政府制定相关的政策来影响企业的行为，因而环境规制不仅影响着生产资源的配置，技术创新资源作为资源的一种，也受到了影响。为了在保护环境的同时促进经济的发展，政府会实施严格的环境规制政策，这些政策会使企业生产所使用的生产要素价格上升，成本的上升会成为企业改进技术的动力之一，在这种动力之下，企业会调整生产经营活动，整合资源，改进技术，从而保证在企业利润不变甚至增加的情况下使企业的生产经营活动符合环境保护的要求。政府为了在保护环境的前提下制定支持企业创新发展、改进技术的政策，为企业技术创新提供政策上的支持及保护，使企业愿意并且付诸行动来改进自身机械设备，进行生产工具及生产方法的升级，从而使企业在节能减排的同时提高生产效率，进而促进整个社会的发展进程。

第二种情况：环境规制对技术创新存在负向的阻碍作用。环境保护的目标要求企业减少污染排放，在这种情况下会使企业增加原来生产经营中所没有的治理污染的费用，这在一定程度上占用了企业的资金，而企业的技术创新活动需要投入大量的资金才能进行，所以，环境规制政策的实施会影响企业的技术创新投入。首先，环境规制政策要求企业减少污染物的排放或者缴纳污染费用，承担负外部性所产生的损失，要满足政府的要求，企业需要投入资金、人力及物力来降低生产活动所带来的负外部性，在没有创新成果和生产效率提高的情况下，成本的上升必然会使企业的利润减少，从而造成可用于技术开发的成本减少，不利于新技术新方法的产生。其次，减少排放需要绿色技术，企业自身绿色技术水平增加了企业创新的成本和风险。技术创新具有周期性和时滞性，而往往技术创新从开始研发到创新成功需要很长的时间，新的技术在初期是不成熟的，不能起到降低企业成本的作用。绿色技术创新现在发展得并不成熟，风险大，投资费用高，从而增加了企业的研发难度。以上因素导致严格的环境规制政策不利于企业的技术创新。

综上所述，环境规制对技术创新既有积极的促进作用，又有消极的阻碍作用，企业的技术创新一方面受留存资本的影响，另一方面受政府扶持政策及规制政策的影响，在各种因素的综合作用下，环境规制对企业技术创新的影响也许为正，也许为负。

2. 环境规制与外商直接投资

随着市场经济的发展，发达国家的企业从污染密集型慢慢转变成了技术密集型，在发展的过程中，当技术和经济达到一定的水平，发达国家的企业考虑到本国的环境政策及自身利益最大化等因素就会选择将污染密集型和劳动密集型的企业转移到资源丰富、劳动力成本低的国家进行生产。中国处于经济快速发展的新时期，不仅需要大力推进国内企业的技术创新及生产发展，还需引进外商投资来引入竞争、先进的技术及优秀的人才，从而增强中国经济的活力，促进经济的发展。改革开放以来，中国积极地引进外资，对外商投资实行支持的优惠政策，而提高环境规制的标准会增加外商投资的成本，对外商直接投资的数量及行业产生影响。

本章认为环境规制政策对外商直接投资存在着正负双重影响。负向影响可能的原因为，环境规制强度的增加会提高企业的治污成本及生产成本，不利于外商直接投资的引入。发展中国家需要引进外商投资来增加市场活力，为了促进经济增长，在引进外商直接投资的初期很少考虑外商直接投资给本国所带来的环境影响，为外商投资提供一系列的支持政策，发达国家的企业也因此愿意在这些环境规制程度低的国家进行生产经营。当外商直接投资所在国家环境规制政策严格时，成本的增加使投资国失去了比较优势，外商企业就转移，从而导致外资的流失。正向影响可能的原因为，政府为保护环境的同时最小限度地影响经济的发展，会对环境友好型和技术密集型的外商直接投资制定支持的优惠政策，同时限制和禁止污染型行业的进入。在公众环境保护意识不断增强的今天，公众的消费习惯和偏好也在发生着变化，更多的人倾向于购买绿色产品，因而随着市场的变化，外商直接投资的行业也在一定程度上受到了影响，利于环境友好型行业的进入。

从以上分析可知，环境规制对 FDI 的影响受很多因素的限制，不同的时期，不同的环境政策及本国消费需求会对 FDI 产生不同的影响，我们应该具体问题具体分析。

第四节　环境规制对制造业全要素生产率影响的实证研究

本章对中国 2003—2015 年 23 个制造业行业的全要素生产率进行分析，首先将全要素生产率分为两类进行对比研究，用综合计算方法对环境规制强度进行度量，其次通过建立数理模型实证研究环境规制与全要素生产率之间的关系，最后采用 stata13.0 软件对计量模型进行分析。

一　制造业的分类及环境规制的度量

（一）制造业的分类

根据国民经济行业分类（GB/T4754 - 2002）和（GB/T4754 -

2011）中制造业的分类，并根据实际数据的可得性，本章将橡胶制品和塑料制品合并成一项计算；将汽车制造业、铁路、船舶、航空航天和其他运输设备制造业合并为交通运输设备制造业。本章选取了制造业中的农副食品加工业，食品制造业，纺织业，纺织服装、鞋、帽制造业，皮革、毛皮、羽毛（绒）及其制品业、木材加工及木、竹、藤、棕、草制品业，家具制造业，造纸及纸制品业，石油加工、炼焦及核燃料加工业，化学原料及化学制品制造业，医药制造业，化学纤维制造业，橡胶制品业和塑料制品业，非金属矿物制品业，黑色金属冶炼及压延加工业，有色金属冶炼及压延加工业，金属制品业，通用设备制造业，专用设备制造业，交通运输设备制造业，电气机械及器材制造业，通信设备、计算机及其他电子设备制造业，仪器仪表及文化、办公用机械制造业等 23 个行业并对其进行分类。

本章选取废水排放量、废气排放量及固体废弃物产生量三个标准，采用李玲等（2012）对各类污染物排放数据进行线性标准化以及分等加权平均法测算中国制造业各行业的污染排放强度并按其标准进行分类。具体计算方法如下：

1. 计算各个产业污染物单位产值的污染排放值，即：$UE_{ij} = E_{ij}/O_i$，其中 E_{ij} 为产业 $i(i = 1, 2, \ldots, m)$ 主要污染物 $j(j = 1, 2, \ldots, n)$ 的污染排放，O_i 为各个产业的工业总产值。

2. 按 0 – 1 的取值范围对各个产业污染物单位产值的污染排放值进行线性标准化：

（1）$UE_{ij}^s = [UE_{ij} - \min(UE_j)]/[\max(UE_j) - \min(UE_j)]$

其中 UE_{ij} 为指标的原始值，$\max(UE_j)$ 和 $\min(UE_j)$ 分别为主要污染物 j 在所有产业中的最大值和最小值，UE_{ij}^s 为标准化值。

3. 将上述各种污染物排放得分分等加权平均，计算出废水、废气和固体废物的平均得分：

（2）$NUE_{ij} = \sum_{j=1}^{n} UE_{ij}^s/n$

4. 将平均得分进行汇总，得出产业历年总的污染排放强度系数 r_i 平均值。

根据以上方法得出 23 个制造业的污染排放强度系数，本章根据总排放强度大小对行业进行分类，若 $r_i > 0.0545$，该行业属于污染型行业；若 $r_i < 0.0545$，该行业属于清洁型行业。如表 5 – 1 所示。

表 5 – 1　　　　　　　　根据污染程度划分的行业分类结果

污染排放强度系数	分类	行业
$r_i > 0.0545$	污染型行业	农副食品加工业；食品制造业；纺织业；木材加工及木、竹、藤、棕、草制品业；造纸及纸制品业；石油加工、炼焦及核燃料加工业；化学原料及化学制品制造业；医药制造业；化学纤维制造业；非金属矿物制品业；黑色金属冶炼及压延加工业；有色金属冶炼及压延加工业
$r_i < 0.0545$	清洁型行业	纺织服装、鞋、帽制造业；皮革、毛皮、羽毛（绒）及其制品业；家具制造业；橡胶制品业和塑料制品业；金属制品业；通用设备制造业；专用设备制造业；交通运输设备制造业；电气机械及器材制造业；通信设备、计算机及其他电子设备制造业；仪器仪表及文化、办公用机械制造业

资料来源：作者根据《中国统计年鉴》、《中国环境统计年鉴》计算整理而来。

从表 5 – 1 可知，污染型行业主要由重工业组成，如造纸业、石油加工业、金属冶炼等能源需求量大，污染程度高的行业。清洁型行业主要包括一些加工业和高科技产业，如皮毛制造业、家具制造业、仪器仪表及计算机电子设备制造业等行业。

（二）环境规制强度的度量

本章对于环境规制强度的度量在李玲等（2012）研究方法的基础上，考虑到数据的可得性及行业的实际情况，通过对环境污染指标线性标准化方法构建环境规制的综合测量体系，用于衡量不同行业的环境规制强度。本章利用各工业行业的三废指标及工业总产值，计算出各行业的主要污染物单位产值的污染排放值，再对各行业的单位污染排放量进行线性标准化并进行加权平均整理，从而得出污染排放强度。具体处理如下：

对各行业的单位污染排放量进行线性标准化：

（3）$UE_{ij}^s = \left[UE_{ij} - \min(UE_j)\right]/\left[\max(UE_j) - \min(UE_j)\right]$

其中 UE_{ij} 为指标的原始值，$\max(UE_j)$ 和 $\min(UE_j)$ 分别为主要污染物 j 在所有产业中的最大值和最小值，UE_{ij}^s 为标准化值。

计算各指标的调整系数（W_j）。由于行业与行业之间存在着较大的差别，不同的污染物的排放强度也有所不同，因此使用调整系数来更加合理地反映各行业之间的差异。其取值方法如下：

（4）$W_j = (E_{ij}/\sum_{i=1}^{m} E_{ij})/(O_i/\sum_{i=1}^{m} o_i) = (E_{ij}/O_i)/(\sum_{i=1}^{m} E_{ij}/\sum_{i=1}^{m} o_i) = UE_{ij}/\overline{UE}_{ij}$

其中，E^{ij} 为 i 行业 j 污染物的污染排放量；$E_{ij}/\sum_{i=1}^{m} E_{ij}$ 为 i 行业 j 污染物的污染排放量占所有工业的比重；O_i 为行业 i 的产值；$O_i/\sum_{i=1}^{m} O_i$ 为 i 行业的产值占所有工业行业的比重；经转换变为：产业 i 某污染物 j 的单位产值排放（UE_{ij}）与某污染物 j 单位产值排放行业平均水平 UE_{ij} 之比。计算出各年份的指标权重后，再计算样本期间的平均值。

通过各单项指标的标准化值和平均权重，计算出各指标的环境规制与总的环境规制，分别为：

（5）$S_i = \sum_{j=1}^{3} W_j \times UE_{ij}^s \quad ERS = \sum_{i=1}^{P} S_i$

（三）制造业全要素生产率及其分解分析

本章运用基于数据包络的非参数 Malmquist 方法，通过 DEAP2.1 软件，以中国 23 个制造业行业 2003—2015 年的面板数据为基础，测算了制造业各行业的全要素生产率。

表 5 - 2   2003—2015 年制造业 TFP 指数分解

年份	全要素生产率 （TFP）	技术效率 指数 （effch）	技术进步 指数 （techch）	纯技术效率 指数 （pech）	规模效率 指数 （sech）
2003—2004	1.179	0.688	1.714	0.799	0.860
2004—2005	1.070	1.167	0.917	1.070	1.090
2005—2006	1.049	0.963	1.089	1.020	0.944
2006—2007	1.173	1.093	1.074	1.050	1.041
2007—2008	1.026	1.082	0.948	1.060	1.021
2008—2009	1.103	1.088	1.014	1.065	1.021
2009—2010	0.918	0.983	0.934	0.984	0.999
2010—2011	1.139	1.168	0.975	1.143	1.023
2011—2012	1.288	0.951	1.354	1.025	0.928
2012—2013	0.992	1.046	0.948	1.006	1.040
2013—2014	1.006	0.974	1.033	0.991	0.983
2014—2015	0.845	0.898	0.940	0.887	1.012
平均值	1.059	0.999	1.060	1.004	0.995

　　根据表 5 - 2 的测算结果可知，在 2003—2015 年 13 年间，中国
23 个制造业的 TFP 的平均值为 1.059，平均增长率为 5.9%，其中技
术进步指数增长率为 6%，技术效率指数平均来看没有增长，由此可
知，技术进步对全要素生产率的影响起到了决定性的作用。从图 5 -
1 也可以看出中国制造业的全要素生产率在这 13 年间并不是一直处
于平稳上升的趋势，而是在上升的总趋势下略有波动，其趋势与技术
进步指数增长趋势大体相同，可见全要素生产率的变动主要来自于技
术进步指数的变动。

　　总体来看，中国全要素生产率处于增长的趋势，但是在某些年份
会出现波动，从表 5 - 1 中我们可以看出，2009 年的全要素生产率为
0.918，说明 2008 年到 2009 年生产效率是有所下降的，可能的原因
是美国金融危机掀起了全球性的经济波动，在金融危机的国际环境和
中国内需不足的双重影响下，中国的制造业也受到了影响，生产率总

体上下降了1.8%。金融危机产生后中国政府积极应对，在适度宽松的政策下，中国经济得以改善，经济有所增长。2012年中国全要素生产率下降，可能的原因为中国经济过热，国家实行积极的财政政策和稳健的货币政策，积极抑制通货膨胀。因此中国制造业全要素生产率的变化受国家宏观经济政策的影响。

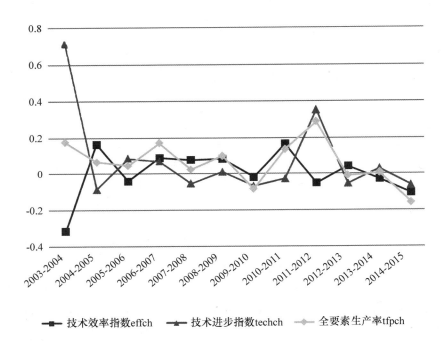

图5-1 2003—2015年全要素生产率及分解指数的增长率

从具体行业来看，如表5-3所示，2010年以前，农副食品加工业、食品制造业、金属制品业、交通运输、电器机械及通信设备等行业的全要素生产率呈现出先上升后下降的趋势，即呈倒"U"形趋势；造纸业、石油加工、化学纤维制造业、通信设备、计算机及其他电子设备制造业等产业的全要素生产率呈现出先下降后上升的趋势，即"U"形趋势；其他行业的全要素生产率呈没有规律的波动趋势。

表5-3　2003—2015年制造业分行业的 Malmquist 指数

类别	行业	2003—2004	2004—2005	2005—2006	2006—2007	2007—2008	2008—2009	2009—2010	2010—2011	2011—2012	2012—2013	2013—2014	2014—2015
污染型行业	农副食品	1.05	1.11	0.97	1.16	1.12	1.10	0.92	1.17	1.03	0.98	0.93	0.81
	食品制造业	0.69	1.04	1.04	1.30	1.14	1.51	0.99	0.96	1.98	1.03	0.96	0.40
	纺织业	1.04	1.08	1.08	0.97	1.03	1.07	0.94	1.13	1.37	1.03	0.98	0.62
	木材加工	0.99	1.31	0.93	2.00	0.66	1.16	0.88	1.39	1.96	1.01	0.95	0.69
	造纸	1.01	1.11	1.12	1.23	0.80	1.11	1.27	1.83	2.41	1.04	0.96	0.40
	石油加工	1.20	0.88	1.05	1.09	1.00	1.05	0.99	1.08	1.09	1.02	1.02	1.21
	化学原料	1.17	1.03	1.13	1.38	0.83	1.17	0.99	1.18	3.3	0.99	1.21	0.34
	医药制造业	0.82	1.02	0.87	1.25	1.13	1.03	1.11	1.35	1.13	0.97	1.07	1.05
	化学纤维制造	1.13	1.10	1.09	0.90	0.94	1.20	0.94	1.01	0.95	1.01	1.09	1.29
	非金属矿物	1.21	1	1.21	1.03	1.00	1.12	0.75	1.36	0.81	0.87	0.97	0.91
	黑色金属	1.26	1.06	1.17	1.15	1.28	0.90	0.90	1.36	1.31	0.93	1.01	0.66
	有色金属	1.10	1.02	1.15	1.12	1.07	0.93	0.86	1.23	1.42	0.94	1.04	0.64

续表

类别	行业	2003—2004	2004—2005	2005—2006	2006—2007	2007—2008	2008—2009	2009—2010	2010—2011	2011—2012	2012—2013	2013—2014	2014—2015
清洁型行业	纺织服装	1.01	1.16	0.94	1.13	1.2	1.12	0.94	1.09	0.97	1.01	0.98	0.93
	皮革、毛皮	1.10	1.15	0.93	1.12	1.19	1.03	0.96	1.07	0.91	0.98	1.02	1.26
	橡胶及塑料	1.24	0.97	1.03	1.01	0.82	0.97	0.81	0.36	3.16	0.75	0.96	1.24
	家具制造业	0.98	1.42	0.87	1.21	0.87	1.01	0.95	1.08	0.66	1.11	0.99	1.44
	金属制品业	1.09	1.24	1.30	1.36	1.04	1.02	0.69	1.63	0.88	1.01	0.85	1.11
	通用设备	1.22	1.21	0.99	1.12	1.40	0.97	0.94	1.07	0.97	1.01	0.98	0.94
	专用设备	1.30	0.9	0.98	1.07	1.22	2.18	0.60	1.17	0.97	0.97	1.03	1.24
	交通运输	1.09	1.02	1.27	1.23	0.99	1.04	1.02	1.12	1.16	1.03	1.04	1.07
	电气机械	1.12	1.10	1.04	1.13	1.12	1.12	0.86	1.06	0.94	1.02	1.01	1.06
	通信设备	1.23	1.13	1.08	1.06	1.04	1.04	1.08	1.11	3.01	1.06	1.08	0.34
	仪器仪表	1.39	0.70	0.91	1.22	0.91	0.90	0.85	1.18	0.81	1.04	0.98	1.40
均值		1.11	1.07	1.05	1.18	1.03	1.11	0.92	1.17	1.44	0.99	1.01	0.91

　　根据表 5 - 4 可知，中国 23 个制造业的全要素生产率和技术进步指数都呈增长趋势，技术效率指数有的行业增长有的行业减少，因而可以发现全要素生产率的增长主要来自技术进步指数的增长。纯技术效率指数和规模效率指数没有明显的规律，因而它们对全要素生产率的影响是不明确的。

　　从具体的行业来看，橡胶制品业和塑料制品业的全要素生产率最高，为 1.129，其中可能的原因为橡胶制品本身带有污染，但和塑料制品业结合在一起统计之后使其成为清洁行业，而随着行业整体的发展，生产要素的清洁化及生产设备的改进，使全要素生产率得到提高。增长最慢的为仪器仪表及文化、办公用机械制造业，增长率为 0.8%，可能的原因为此行业属于高技术产业，其技术创新更新较慢，生产率比较稳定。

表 5 - 4　　　　2003—2015 年制造业分行业 TFP 均值及分解值

类别	行业	全要素生产率 tfpch	技术效率指数 effch	技术进步指数 techch	纯技术效率指数 pech	规模效率指数 sech
污染型行业	农副食品	1.027	0.979	1.049	0.978	1.001
	食品制造业	1.025	0.976	1.05	0.985	0.992
	纺织业	1.019	0.987	1.032	0.997	0.99
	木材加工	1.098	1.051	1.044	1.032	1.019
	化学纤维	1.053	0.978	1.077	1	0.978
	造纸	1.103	0.995	1.108	1.006	0.99
	非金属矿物	1.01	1	1.01	1	1
	黑色金属冶炼	1.067	1	1.067	1	1
	石油加工	1.058	1	1.058	1	1
	化学原料	1.095	1.009	1.085	1.016	0.993
	医药制造业	1.062	0.996	1.066	1	0.996
	有色金属冶炼	1.031	0.987	1.045	0.994	0.993
平均值		1.054	0.996	1.055	1.0006	0.996

类别	行业	全要素生产率 tfpch	技术效率指数 effch	技术进步指数 techch	纯技术效率指数 pech	规模效率指数 sech
清洁型行业	纺织服装	1.038	0.997	1.042	1.001	0.996
	家具制造业	1.03	0.977	1.055	1	0.977
	皮革、毛皮	1.059	0.99	1.07	1	0.99
	金属制品业	1.081	0.985	1.097	0.984	1.001
	通用设备	1.064	1.002	1.062	1.005	0.996
	专用设备	1.092	1.017	1.074	1.023	0.994
	交通运输	1.092	1.023	1.067	1.021	1.002
	电气机械	1.05	1.004	1.046	1.005	0.999
	通信设备	1.081	1	1.081	1	1
	橡胶塑料	1.129	1.059	1.066	1.056	1.002
	仪器仪表	1.008	0.981	1.028	1	0.981
平均值		1.066	1.003	1.063	1.008	0.994

根据表 5-4 可知，污染型行业和清洁型行业的全要素生产率都大于 1，平均值分别为 1.054 和 1.066，增长率分别为 5.4% 和 6.6%，技术进步指数分别为 1.055 和 1.063，由此可见清洁型行业的全要素生产率的增长速度要快于污染型行业全要素生产率的增长，两者全要素生产率的增长主要来源于技术进步指数，技术效率指数贡献不明显。

2003 年以来，中国制造业得到了快速发展，然而增长的方式是粗放型，要想改变制造业的增长方式，一方面需要企业自身努力，提高自身技术水平，使企业生产发展转为环境友好型，另一方面就需要政府制定相应的经济政策，给发展指明方向，那么政府的政策就至关重要。环境规制政策的实施会对中国制造业的发展产生怎样的影响呢？会促进效率的提高，技术的进步吗？本章对此问题进行了研究。

二　变量选取与数据来源

（一）变量选取

1. 全要素生产率（TFP）

通过非参数的 Malmquist 方法测算出来 23 个制造业行业的全要素生产率。投入要素包括三个：资本、劳动和能源，分别以各产业的固定资产总值、平均用工量和能源消耗总量进行度量。产出主要包括两个：工业总产值和废水排放量。由于全要素生产率是一个相对值，因此本章选用 2003 年的数据为基期对 23 个制造业分行业的全要素生产率进行测算。

2. 环境规制强度（ERS）

本章采用线性标准化及加权求和的方法利用废水排放量、废气排放量及固体废弃物排放量和工业生产总值等指标构建环境规制的综合测量体系来测算环境规制强度。

3. 控制变量

技术创新（R&D），本章采用各行业的研究与开发机构 R&D 经费内部支出来表示行业的技术创新水平。

外商直接投资（FDI），由于外商直接投资不能从已有年鉴中直接获得，本章采用规模以上工业企业港澳台资本与规模以上工业企业外商资本的和与规模以上工业企业实收资本的比值来表示外商直接投资。

行业规模（SCAL），使用各行业的工业总产值与各行业规模以上工业企业平均用工量之比来表示行业规模。

资本劳动结构（K/L），资本和劳动是经济发展所必不可少的投入，对全要素生产率有着重要的影响，同时资本劳动的比值也一定程度上体现中国的工业结构。本章采用各个行业的固定资产总值与行业平均用工量的比值，即人均资本来代表资本劳动结构。

（二）数据来源

固定资产总值和平均用工量以及工业总产值、规模以上工业企业港澳台资本和规模以上工业企业外商资本数据来源于《中国工业经济统计年鉴》，能源消耗总量来源于《中国能源统计年鉴》，工业废水排放量、废水治理运行费用与废气治理运行费用来源于《中国环境统计年鉴》。考虑到价格因素对计算结果存在一定影响，本章用分行业工业品出厂价格指数对工业总产值以 2003 年为基期进行平减。由于分行业的固定资产投资价格指数不可得，本章用分行业工业品出厂价格指数作为近似指数，对固定资产净值进行平减。分行业工业品出厂价格指数及工业生产总值 2003—2012 年来源于《中国统计年鉴》，2013—2015 年的工业生产总值通过产品销售率测算而得。各行业规模以上工业企业平均用工量来自于《中国宏观经济数据库》。研究与开发机构 R&D 经费内部支出来自于国家统计局数据库。

三　模型构建

（一）构建计量模型

本章以 23 个制造业分行业 2003—2015 年的面板数据为研究对象，由于各个分业发展水平及发展程度差别很大，每个行业都有各自的发展特征，本章采用固定效应模型进行研究。在参考前人研究的基础上，本章加入了企业规模、资本劳动比、技术创新及外商直接投资作为控制变量。为了消除变量的异方差，提高模型的精准度，本章对部分变量进行了对数化处理。用面板数据模型来研究环境规制对全要素生产率的影响，面板数据可以提高参数的准确性，同时减少变量之间的多重共线性。本章设定的面板模型如下：

环境规制对制造业全要素生产率的影响模型（6.1）设定如下：

（6）$\ln TFP_{it} = C + \beta_1 ERS_{it} + \beta_2 ERS_{it}^2 + \beta_3 \ln SCAL_{it} + \beta_4 \ln K/L_{it} + \beta_5 \ln RD_{it} + \beta_6 FDI_{it} + \varepsilon_{it}$

上文第三节中提到了环境规制对制造业全要素生产率的间接影响机制，为验证影响机制的存在性，本章建立模型（6.2）设定如下：

（7）$\ln TFP_{it} = C + \beta_1 \ln RD_{it} + \beta_2 ERS_{it} * \ln RD_{it} + \beta_3 \ln SCAL_{it} + \beta_4 \ln K/L_{it} + \beta_5 FDI_{it} + \beta_6 ERS_{it} * FDI_{it} + \varepsilon_{it}$

（二）实证结果分析

通过 stata13.0 对数据进行回归分析。对于面板数据模型，采用固定效应检验，经检验得出表 5 - 5 所列出的环境规制对制造业全要素生产率固定效应模型的回归结果。

表 5 - 5　环境规制对中国制造业全要素生产率总效应回归——基于行业整体

变量	固定效应模型	
	Coef	*t - Sar*
ERS	0. 125 **	2. 69
ER S^2	− 0. 006 *	− 1. 77
ln*SCAL*	0. 289 **	2. 43
ln*K/L*	− 0. 177 ***	− 3. 9
ln*RD*	− 0. 097	− 1. 64
FDI	0. 664 **	2. 2
− *cons*	− 0. 564	− 1. 71
R^2	0. 096	−
obs	299	−

注：*、**、*** 分别表示在 10%、5%、1% 的水平下显著。

根据表 5 -5 环境规制对全要素生产率影响的回归结果，可知：

（1）*ERS* 系数显著为正，*ERS*^{2} 系数显著为负。说明环境规制与制造业全要素生产率呈现出非线性的倒"U"形关系，即随着规制制度不断的严格，全要素生产率增加，当环境规制程度增加到某一水平时，全要素生产率增长到最高点，环境规制强度再增强，全要素生产率将下降。可能的原因为：较低的环境规制水平，使企业的治污成本在企业总成本所占的比重较低，企业的危机意识差，而环境规制对企业的影响较小，因而全要素生产率上升；当政府实施严格的环境规制政策时，治污费用的增加会减少企业的其他资金投入，企业的压力变大，因而企业不得不进行减排及治污上的技术创新，通过创新补偿效应，使全要素生产率上升；当环境规制强度过于严格时，会使企业不堪重负，从而降低企业利润，使全要素生产率下降。

（2）行业规模对制造业全要素生产率有着正面作用。企业的规模与企业的实力成正比，企业规模越大，部门就越多，所拥有的各种资源就越多，人力资本水平就越高，在这种背景环境下，企业就具有规模经济，就越能够有足够的资源和资金进行技术创新，从而促进企业的生产效率。

（3）资本劳动比对制造业全要素生产率有显著的负面效应。资本与劳动的比值上升，说明资本投入比劳动投入逐步增加，因而产业结构发生了变化，企业的资本投入超过了劳动的投入，劳动密集型行业多为清洁型行业，资本密集型行业多为污染型行业（涂正革，2008）。

（4）技术创新系数对制造业全要素生产率产生负面影响，但是该影响不显著，说明技术创新对制造业全要素生产率的影响是不明确的。可能的原因为：一方面，企业为了自身的发展，即使没有环境规制的制约，也会积极进行技术创新，从而提高企业自身的竞争力，促进企业发展，在一定程度上提高全要素生产率。另一方面，在短期内，企业创新会增加成本，技术创新的成果具有时滞性，科研技术的开发难度使企业在在短期内不能享受技术带来的成本降低，反而会使企业在生产要素及治污费用增加的情况下，增加研究与开发支出。较高的成本会制约和限制企业的发展，在一定程度上会降低企业的利润，从而不利于全要素生产率的提高。

（5）外商投资有利于生产效率的提高，表明外商投资对全要素生产率产生正面的积极作用。可能的原因在于，外资进入到国内会带来管理和技术的溢出效应，而外商投资企业的先进的管理和技术会被中国其他企业学习和模仿，并在学习和模仿的基础上开拓创新，这会使企业自身的管理和技术研发能力得到提升，从而促进全要素生产率的增长。

综上所述，企业规模和FDI对全要素生产率具有促进作用，技术创新和资本劳动比对全要素生产率具有阻碍作用，环境规制对全要素生产率既有直接影响，也有间接影响。

表5-6　环境规制对中国制造业全要素生产率效应回归——基于行业分组

变量	污染型行业		清洁型行业	
	$Coef$	$t - Sar$	$Coef$	$t - Sar$
ERS	- 0.09 **	- 2.12	1.57	0.34
ERS^2	0.004	1.42	17.97	0.43
$\ln SCAL$	0.22 ***	3.63	0.39 **	1.84
$\ln K/L$	- 0.16 ***	- 2.27	- 0.16 ***	- 2.25
$\ln RD$	- 0.07 ***	- 2.43	- 0.11	- 1.09
FDI	1.15 ***	2.37	0.87 *	1.60
$- cons$	- 0.48 ***	- 2.04	- 1.01 *	- 1.39
R^2	0.082	—	0.167	—
obs	156		143	

注：*、**、*** 分别表示在10%、5%、1%的水平下显著。

根据表5-6的回归结果，针对污染型行业，可知 ERS 的系数显著为负，ERS^2 的系数为正但是不显著，因此环境规制对污染型行业的全要素生产率有着显著的负向影响，没有明显的非线性关系；污染型行业的行业规模对全要素生产率有着显著的影响，行业规模越大，市场竞争力就越强，生产效率就越高；资本劳动结构以及技术创新都对污染型行业的全要素生产率产生了显著的负面影响，也就是说资本密集型行业的发展不利于全要素生产率的提高，技术创新使企业成本增加，同样抑制了全要素生产率的提高；外商投资对污染型行业全要素生产率有着显著的正面影响，可能的原因在于，外资的进入会带来先进的技术和管理模式，这些比国内高效的地方就会被学习和模仿，从而为国内技术创新及管理升级提供动力，增强企业活力，从而促进生产率的提高。

从回归结果来看，清洁型行业的回归结果不显著，因此环境规制对清洁型行业全要素生产率的影响不明确。行业规模效应对清洁型行业全要素生产率有着正向的影响；资本劳动结构对清洁型行业全要素生产率产生了显著的抑制作用，这说明在某些行业，资本的利用程度不高，过早的资本深化不利于全要素生产率的提高；外商投资对清洁型行业全要素生产率有着正向的促进作用。

表 5 - 7 环境规制对中国制造业全要素生产率总效应
回归——基于行业整体

变量	固定效应模型	
	$Coef$	$t - Sar$
$ERS * FDI$	0. 408 ***	3. 94
$ERS * \ln RD$	- 0. 011 **	- 3. 48
$\ln SCAL$	0. 305 **	2. 6
$\ln K/L$	- 0. 142 ***	- 2. 97
$\ln RD$	- 0. 108 *	- 1. 85
FDI	0. 638 *	1. 87
$- cons$	- 0. 616	- 1. 84
R^2	0. 137	–
obs	299	–

注：*、**、*** 分别表示在10%、5%、1%的水平下显著。

$ERS * FDI$ 的系数显著为正，说明环境规制通过影响外商直接投资对全要素生产率产生正影响。可能的原因为政府为保护环境的同时最小限度地影响经济的发展，会对环境友好型和技术密集型的外商直接投资制定支持的优惠政策，同时限制和禁止污染型行业的进入。在公众环境保护意识不断增强的今天，公众的消费习惯和偏好也在发生着变化，更多的人倾向于购买绿色产品，因而随着市场的变化，外商直接投资的行业也在一定程度上受到了影响，利于环境友好型行业的进入。

$ERS * lnRD$ 的系数显著为负，说明环境规制通过影响技术创新对全要素生产率产生负影响。可能的原因为，首先，环境规制政策要求企业减少污染物的排放或者缴纳污染费用，承担负外部性所产生的损失，要满足政府的要求，企业需要投入资金、人力及物力来降低生产活动所带来的负外部性，在没有创新成果和生产效率提高的情况下，成本的上升必然会使企业的利润减少，从而造成可用于技术开发的成本减少，不利于新技术新方法的产生。其次，减少排放需要绿色技术，企业自身绿色技术水平增加了企业创新的成本和风险。技术创新具有周期性和时滞性，而往往技术创新从开始研发到创新成功需要很长的时间，新的技术在初期是不成熟的，不能起到降低企业成本的作用。绿色技术创新现在发展得并不成熟，风险大，投资费用高，从而增加了企业的研发难度。

表5－8　环境规制对中国制造业全要素生产率效应回归——基于行业分组

变量	污染型行业		清洁型行业	
	Coef	*t－Sar*	*Coef*	*t－Sar*
$ERS * FDI$	0.382 ***	3.06	－2.22	－0.28
$ERS * lnRD$	－0.009 ***	－4.10	0.876	0.24
$lnSCAL$	0.229 ***	3.86	0.415 **	2.01
lnK/L	－0.114	－1.50	－0.16 **	－2.19
$lnRD$	－0.1 ***	－3.58	－0.135	－1.24
FDI	0.573	1.54	0.919	1.62
$-cons$	－0.414 ***	－2.28	－1.01	－1.51
R^2	0.167	—	0.166	—
obs	156	—	143	—

注：*、**、*** 分别表示在10%、5%、1%的水平下显著。

从行业分组的角度来看，污染行业 *ERS* * *FDI* 的系数显著为正，*ERS* * *lnRD* 的系数显著为负，与行业整体情况相同。可能的原因在于短期内环境规制增加了企业的成本，从而抑制了企业的创新活动，进而阻碍了全要素生产率的提高。环境规制通过影响外商直接投资促进全要素生产率的提高。对清洁型行业来说，技术创新和外商直接投资的系数不显著，说明对全要素生产率的影响不确定。行业规模对全要素生产率产生显著的正向影响，资本劳动比对全要素生产率产生显著的负向影响。

第五节　结论与政策建议

一　主要结论

工业在国民经济中占很大比重，对一国经济的发展有着重要的影响，制造业占工业的很大一部分，因此制造业发展不仅影响着我们的生活还对一国经济的发展有着重要的影响，是一国经济实力的体现，而伴随着制造业的发展所产生的环境污染是造成中国工业污染的主要因素。本章首先将制造业进行分类，将制造业分为污染型行业和清洁型行业，其次采用非参数 DEA – Malmquist 指数法对 2003—2015 年间中国 23 个制造业分行业的全要素生产率进行测算，分析中国全要素生产率的变化。同时综合测量体系测算出了 2003—2015 年 13 年间中国的环境规制强度。运用面板数据，建立计量模型，分析环境规制对中国 23 个制造业行业全要素生产率的影响，得出以下结论：

第一，根据测算结果可知，从总体上看，中国 23 个制造业分行业的全要素生产率的年平均增长率为 5.9%。通过 DEAP2.1 软件的分解测算，我们发现技术进步是影响全要素生产率的主要原因，两者之间呈正比，这说明中国制造业的技术水平在提高，但纯技术效率的增长并不明显，仅为 0.4%，规模效率有所下降，说明中国制造业还没有实现规模经济，总的来说中国的制造业全要素生产率是有效率的。

从行业分组来看，污染型行业和清洁型行业的全要素生产率的增长率分别为5.2%和6.6%，从直观数据上可知，清洁型行业的全要素生产率的增长率要远高于污染型行业。

第二，从行业整体上看环境规制对中国制造业全要素生产率的影响，说明环境规制与制造业全要素生产率呈现出非线性的倒"U"形关系，即随着规制制度不断严格，全要素生产率增加，当环境规制程度增加到某一水平时，全要素生产率增长到最高点，环境规制强度再增强，全要素生产率将下降。政府制定的环境规制政策会增加企业成本，从而减少企业技术改进的资金投入，因而不利于科研及技术改进，从而阻碍全要素生产率的增长；规制政策通过影响FDI引进的行业及企业发展方向，有利于促进市场竞争，从而促进本国企业增强自身竞争力，提高企业利润，进而促进生产效率的提高。

第三，从行业分组的角度看，环境规制对污染型制造业的全要素生产率起负向影响，行业规模和外商投资对全要素生产率具有促进作用，资本劳动结构以及技术创新都对污染型行业的全要素生产率产生阻碍作用，技术改进需要的资金投入限制了企业的发展，影响了企业的利润从而造成生产效率的降低。清洁型制造业的环境规制政策对全要素生产率的影响不明确，企业的规模及FDI对效率的增长起着促进的作用。从影响机制角度分析如下：对污染型制造业来说，严格的环境规制政策使企业面临资金压力，进而减少技术方面的投入，从而会降低全要素生产率，FDI的引进有利于增强市场活力，带来先进的技术和管理模式，激发国内企业提高自身能力，从促进全要素生产率的增长。对于清洁型制造业来说，除了资本劳动比及行业规模对全要素生产率有显著的影响以外，其他因素对全要素生产率的影响都不显著。

二　政策建议

发展经济不是我们现在唯一的目标，只有保护生态环境及合理地利用现有资源实现经济增长才能促进人与自然的和谐。随着时代的进步，中国经济的发展进入了新时期，为了实现中国经济发展和环境改善的双赢目标，在社会各界自发的保护环境活动的同时，政府开始实施越来越严格的环境规制政策。政府进行环境管制之后，中国的生态环境有了显著的改善，如何在实施环境规制政策改善生态环境的同时保持全要素生产率的增长已经成为相关部门重点关注的问题。根据本章所做出的以上研究及结论，提出了以下相关政策建议：

第一，根据不同行业的具体情况，实施差异化的行业环境规制政策。每个具体的制造业行业都有其本身的特点及发展规律，因此政府在制定环境规制政策时不仅要注重行业整体的情况，而且应该结合各个行业的实际情况，实施有差异的环境规制政策，才能够使各个行业在保证环境质量的同时，促进本行业的发展。对污染型行业应该实施更为严格的环境规制政策，鼓励企业进行技术创新，使用清洁能源进行生产，从而提高企业的生产率，促进企业向清洁型转变，以确保其能够减少污染排放。对于环境污染较严重的行业，例如造纸业、有色金属冶炼业等，可以根据行业特点制定污染排放标准、技术标准及许可证的政策，对清洁型行业采用排污税、可交易排污权等政策。这样不仅能够使企业在控制治污成本的基础上减少污染物的排放，还能促使企业改进技术，进行技术创新，从而使企业用最低的成本实现保护环境与经济发展的双重目标。

第二，鼓励技术创新，推广节能减排技术。中国经济处于转型时期，面临着机遇的同时也存在很多挑战，破坏严重的生态环境使我们不能以旧方式继续发展我们的经济，我们不仅应该保证"量"，更应该提高"质"。因此，技术创新已经成为了中国经济发展不可缺少的动力，政府应该加大对技术研究开发的资金支持，鼓励企业进行技术创新，积极引进国外先进的设备及技术，对清洁型行业给予更多的优惠，使企业进行绿色开发，创新技术和管理体系，彻底改变"先污染，后治理"这条老路；另一方面，关停污染严重及技术水平低的小企业，优化产业结构，对技术型且环境友好型的大中型企业给予支持，从而实现保护青山绿水和经济发展的目标。

第三，改善行业的资本劳动结构。实证结果表明，中国资本劳动比与制造业全要素生产率呈现显著的负相关关系，因此，我们需要重新考虑中国制造业的资本化水平是否与中国现阶段经济发展水平相适应。我们不应该仅追求加快资本化进程，而忽视我们的劳动力优势。劳动密集型产业和资本密集型产业都有自身发展的优势，在发展这两种产业的同时，政府应该积极引导发展新兴产业，从而克服中国制造业污染严重、效率低下的现实情况。政府应该调整产业结构，发展清洁型能源，增加环保、高效产业的比重，减少污染严重、规模不合理产业的比重。

第四，积极引进外商直接投资。本章研究结果表明，外商直接投资对全要素生产率产生促进作用，环境规制使政府更加注重清洁行业的引进，从而提升外资引入的质量及方向，从而使更多的外资流入技术密集型行业及清洁型行业，另一方面，外商直接投资所带进国内的技术使国内企业积极改进技术，学习外商更加先进的管理技术，从而促进全要素生产率的提高。因而政府应该放开对技术密集型行业及清洁型行业的外商直接投资的限制，从而在一定程度上促进中国制造业全要素生产率的提高。

第六章　环境规制对国内产业
　　　　结构的影响

第一节　引言

一　研究背景与意义

（一）研究背景

近二十年来，中国经济在高速增长的同时，一些环境问题也逐渐突显出来，粗放式增长导致资源被过度消耗、污染物积累增加，雾霾问题在全国多个城市蔓延，水污染现象发生。为防止中国环境进一步恶化，近年来，政府出台了一系列关于环境保护的法律法规，并且环境规制强度有逐渐增强的趋势，对环境保护的投资额度也不断增加。例如，2016 年，《"十三五"生态环境保护规划》在空气质量、地表水质量和土壤环境方面提出了 12 项约束性的明确目标，包括细颗粒物未达标地级及以上城市浓度下降 18%、地表水质量达到或好于Ⅲ类水体比例大于 70% 等。2017 年，环保部为加速推进排污许可证制度，接连印发《排污许可证管理暂行规定》以及火电、造纸行业实施细则。

一直以来，中国利用廉价劳动力的优势和开放的投资环境吸引外商投资、增加就业，以此拉动了经济增长，但是如今随着劳动力价格上涨，中国人口红利逐渐消失。由于与发达国家相比，无论从产值还是就业人数来看，中国第三产业在其中的比例都较低。根据世界银行数据，在 1996—2016 年这二十年期间，美国第三产业就业人数的比例平均值为 77.47%，而中国第三产业就业人员占比平均仅在 32.59%，这说明了中国第三产业发展相对滞后。中国产业结构不合理问题显现，产业结构如何转型升级目前有待解决。一方面，环境规制对现有产业的发展起到了约束限制作用；另一方面，产业结构需要转型升级，使经济可以得到长期平稳的发展模式。因此，如何调和环境和经济的关系，使二者协调发展，从而实现建设环境友好型、资源节约型社会，是中国当下亟待解决的问题。

环境规制是政府制定相应政策与措施，以此调整企业在生产活动时带来的负外部性影响，实现环境的可持续发展同时促进经济高级化发展的最终目的。环境规制的直接作用主体通常是微观层面的企业或个体，通过微观层面的生产行为再间接传导到产业层面，实现产业结构调整。例如，某一地的环境规制强度加强会导致当地污染性企业治污成本增加，可能诱发相关企业对污染物处理进行技术创新，形成专利技术和技术壁垒。根据国家知识产权局数据，2012—2014 年间，中国节能环保专利数由 1.4 万件增长至 1.6 万件，在此期间，环保规制也可以得到广泛地推行。因此，环境规制可以作用在哪些传导因素能够有效促进产业结构调整，这个问题有重要的研究意义。每个传导路径的传导效果怎样？以此可以给出哪些合适的政策建议。本章就相关问题展开研究。

（二）研究意义

1. 理论意义

大多数文献从单一角度研究环境规制对产业结构的影响，例如，基于"波特假说"的创新补偿效应和"污染天堂"假说的产业转移如何对产业结构产生影响，可是鲜有文献从一个较为全面的角度分析环境规制对产业结构调整的有效传导路径以及这些传导路径的影响结果的程度强弱。本章理论意义主要有以下两点：首先，根据产业结构转化机制的因素分析，分析环境规制能够有效影响产业结构的传导路径。通过理论分析，本章认为环境规制可以影响企业技术进步、企业进入退出行为、产业转移、消费需求和投资需求的五种路径来间接影响产业结构调整。其次，不同地区会有不同的产业特征，因此在不同的地区，政府选择环境治理投入、环境政策的制定以及环境规制强度应该因地制宜。对于不同的环境规制，这些工具对传导路径的作用强度也会有所不同。因此，本章还分区域对研究课题进行相关实证分析。

2. 现实意义

目前中国正处于产业结构升级调整的关键时期。在环境保护并得到改善的前提下，通过产业结构升级使中国经济得到平稳增长和可持续发展是至关重要的。厘清环境规制对产业结构调整的有效传导路径和模式，是实现中国产业升级和环境友好型社会双赢的关键所在。因此，分析环境规制对产业结构调整的传导路径对政策指导和建议具有现实意义。

二　概念界定与理论基础

（一）环境规制的原因

环境规制是指以环境保护为目的而制订实施的各项政策与措施的总和。从达到环境规制最终效果看，主要目标是最大程度地减少环境污染的负外部性，以此实现环境保护。具体来说，要以保护环境和最大化社会福利为基本目标。从实施环境规制的方式看，主要包括命令控制型、经济激励型和自愿型环境规制等环境规制工具；从环境规制的本质看，其应该是社会性规制和经济性规制相结合。不同地区对不同类型的环境规制的认可程度也各不相同。对于经济水平不同的地区，与其相适应的环境规制工具也不同。对于经济水平越高、市场化程度较为自由的地区，环境规制工具应该选择市场型和自愿型环境规制手段。相反，如果越是经济不发达、市场自由度较低的区域，应该使用传统型环境规制工具较为契合。整体来看，中国在环境规制政策工具选择和使用上比发达国家略显滞后。

从理论上分析，环境规制的原因主要是由于在污染行业内生产过程会对环境造成负外部性。为了解决这一市场失灵问题，政府需要利用相关强制手段或者引导措施以达到保护环境的目的。一般来讲，政府可以利用相关规制手段直接或间接作用于企业和消费者，使环境成本内部化，最后达到经济可持续发展和良好的环境双重目标的实现。

（二）产业结构

产业结构的概念最早应用于 20 世纪 40 年代，在经过学术界对产业经济结构的深入探讨后，产业结构的概念和研究对象被确定下来。目前，一般认为，产业结构是指各产业间的关系结构，主要分为广义产业结构和狭义产业结构。"狭义"的产业结构主要包括：产业类型、组合方式，各产业之间的本质联系，各产业的技术基础、发展程度及其在国民经济中的地位。而广义上的产业结构还包括产业之间在数量比例上的关系，在空间上的分布结构。

产业结构的调整是指产业之间比例关系及产业内部构成发生变化。产业结构合理化和产业结构高级化是产业结构调整的两个方面。产业结构合理化是指产业之间的数量比例关系、经济技术联系向着更合理和协调的方向发展。产业结构优化升级是指在产业结构趋于协调、合理化的基础上，通过制度上和技术层面的改进，逐渐提高产业结构效率和产业结构水平。在产业结构由低水平不断向高水平调整演进的过程中，产业结构会由原来以劳动、资本密集型产业的主导地位逐渐被信息、知识和技术密集型产业所取代。

三　研究方法

本章采取了文献分析法，结合与分析以往文献的研究角度和研究成果，提出环境规制影响产业结构调整的可能的传导路径，提出本章的研究分析角度。其次，采用定性和定量分析结合的方法，在定性分析环境规制影响产业结构调整的机制基础上，选取相关研究指标，构建计量模型，实证检验提出的问题和假设，得出结论的过程，最后通过检验验证实证结果的过程。

四　主要内容

本章主要分为以下几个部分：

本章在借鉴以往文献和研究的基础上，通过理论分析得出环境规制可以在供给端影响企业的技术创新、进入退出行为，产业转移以及在需求端消费需求和投资需求，来间接影响产业结构调整。本章先分析数据来描述中国近几年产业结构现状、环境规制趋势以及环境改善状况。随后，利用2000—2015年30个省级数据进行面板回归，得出结论。现将主要部分简要概括如下：

第一节，引言。在研究背景下提出问题，并阐述本章研究的理论意义和现实意义，介绍相关的基础概念以及总结现有文献的研究观点和研究成果。

第二节，介绍中国环境规制系统以及环境政策所取得的效果。同时，描述性分析中国产业结构的演进过程和趋势。

第三节，对环境规制影响产业结构的传导路径进行理论分析。环境规制通过影响企业的技术创新、进入退出行为、产业转移以及消费需求和投资需求等路径间接影响产业结构调整，并提出理论假说。

第四节，构建计量模型。选取指标和数据，构建计量公式进行实证检验，利用近二十年中国省级面板数据分析环境规制对产业结构的路径影响。

第五节，政策建议。在理论分析和实证检验结构的基础上，根据研究结果给出关于环境规制适当的政策建议。

第二节　文献综述

一　环境规制的相关研究

潘峰等（2015）利用演化博弈的方法分析地方政府间在实施环境

规制时如何进行策略选择。他发现如果在外部进行约束限制，为了防止地方政府不选择进行环境规制，可以加大对其的处罚力度。即将对环境质量的指标成为考核地方政府政绩的重要因素，以此推动各地方政府均都选择实施环境规制的策略，从而达到一种有利于环境的稳定状态，达到改善环境质量的目的。李胜兰等（2014）利用 DEA 模式计算了 1997—2010 年中国 30 个省（区市）的区域生态效率，发现地方政府在设置和实施环境规制时会参考其他地方政府关于环境规制的做法。王书斌和徐盈之（2015）从企业投资偏好视角分析了不同环境规制手段会通过不同路径实现雾霾脱钩。Moledina 等（2003）等利用动态博弈的方法，发现由于信息不对称的存在使得企业在面对不同的环境规制工具时，会选择不同的策略。崔亚飞和刘小川（2009）研究了中国地方政府间的污染治理策略问题。杨海生等（2006）的研究显示，各地方政府在制定环境规制工具时更易模仿规制宽松的地区，即中国省际间在环境规制方面存在模仿竞争。

二　环境规制与经济增长的相关研究

该类文献的研究侧重在宏观层次。环境规制作用于经济水平是推动还是限制？Grossman 和 Kruger（1994）提出了环境污染程度和经济增长之间存在环境库兹涅茨曲线，并且曲线呈现倒"U"形。即当经济发展水平较低时，环境污染程度与经济增长呈正比，即随着经济发展水平提高，环境的污染程度也逐渐增加。在经济发展突破某一个阈值时，环境污染程度达到最高点。谭娟和陈晓春（2011）研究得出构建低碳型产业结构要完善促进低碳经济发展的环境规制体系，必须加大政府环境规制力度，优化政府环境规制结构。江炎骏和赵永亮（2014）研究得出技术创新在环境规制与经济增长关系中能够发挥显著的中介效应，环境规制是通过促进技术创新而间接影响经济增长的。孔祥利和毛毅（2010）以 1998—2006 年中国 30 个省区的面板数据为研究对象，对中国东、中、西部地区环境规制与经济增长的关系进行实证研究，发现短期内在东部地区环境规制水平可以明显作用于经济发展，中部地区这种关系不明显，但是在西部经济增长在一定程度上促进了环境规制水平提高。

三 环境规制与产业结构调整的相关研究

1. 环境规制与产业发展的相关研究

李眺（2013）针对从 2001 年起十年间的省级面板数据进行实证分析，结果表明中国制定的环境规制政策在服务业的增长方面具有显著的推动作用，但是，环境规制政策对于地区的改变其作用强度也在改变。在东西部这两个地区的环境规制政策对当地服务业的推动作用很显著，但是，中部地区的环境规制政策对当地服务业发展的影响不明显。李春米（2010）利用相关数据在实证分析后，发现环境污染治理投资是产业结构变动的格兰杰原因。龚海林（2013）根据省际面板数据分析环境规制可以在哪些路径对产业结构优化施加影响的强弱，结果表明，环境规制通过投资结构这一路径对产业结构优化升级的作用强度最强。原毅军和谢荣辉（2014）通过面板回归，结果表明正规的环境规制能有效促进产业结构调整，并且阈值结果显示当以工业污染排放强度作为门槛变量时，随着正式环境规制强度的由低向高改变时，产业结构调整遵循先受到约束、随后被推动、然后再次被约束这样的改变路径。李强（2013）基于 Baumol 模型通过地区面板数据实证得出城市环境基础设施建设对产业结构调整具有最强的促进作用。

2. 环境规制与基于"污染天堂假说"的产业政策转移

污染天堂假说主要指污染密集产业的企业倾向于建立在环境标准相对较低的国家或地区。对于"污染天堂"假说，学术界一直存在争议。目前，这一假说在中国是否成立仍然存在争议。Ederington 等（2005）以 1974—1994 年间美国污染密集型产业产品的进出口为对象，经过研究发现，在污染型产业中的大部分产品加工并没有被国外进口产品所替代。因此，其研究结果不能证明在加强环境规制下，美国的污染行业转到发展中国家生产。杨涛（2003）发现在众多作用于外商直接投资的变量中，环境规制起到了较重要的作用。魏玮和毕超（2011）研究中西部地区新建企业数据的变化，在对面板数据进行实证回归后，发现污染避难所效应在中国同样成立，并且中部地区强于西部地区。沈静等（2014）研究环境规制如何影响珠江三角洲区域内的污染行业转移时，对不同行业的空间散落与环境规制的强度进行实证分析，得出环境规制在不同污染行业之间作用的强度存在不同。林季红和刘莹（2013）认为只有当环境规制作为内生变量时，"污染天堂假说"才在中国成立，否则不成立。傅帅雄等（2011）在各省环境规制力度不同的条件下，污染密集型产业的布局从环境规制力度大的省份向环境规制力度小的省份转移；中西部地区的环境规制力度普遍弱于东部地区。

3. 环境规制与"波特假说"的创新补偿效应

波特（1991）提出假说认为，即适当的环境规制对企业技术创新有促进作用，通过研发新产品、新工艺等降低企业成本，进而增加企业利润，提升其竞争力。Lanjouw 和 Mody（1996））的研究结果表明环境规制与技术创新之间的关系表现为较强的正相关，从影响模式来看，技术创新对环境规制的反应具有一个滞后 1—2 期的特征。Domazlicky 和 Weber（2004）研究发现在环境规制约束下，企业的技术进步仍然能够维持一定的增长速度。蒋伏心等（2017）采用两步 GMM 法实证分析得出环境规制与企业技术创新之间呈现先下降后提升的"U"形动态特征，随着环境规制强度由弱变强，影响效应由抵消效应转变为补偿效应。颉茂华等（2014）以 2008—2013 年的深沪 A 股上市的重污染行业的公司为研究样本，实证得出环境规制对中国重污染行业的 R&D 投入有一定的促进作用。Jaffe（1997）利用 1973—1991 年美国制造业的面板数据，研究结果显示控制行业影响的情况下，环境规制与 R&D 投入呈现显著正相关关系。马富萍等（2011）

在通过问卷调查形式研究后发现，激励型环境规制和自愿型环境规制都会显著地促进推动技术创新和生态效果，且这两种环境规制工具的技术效应作用效果好于命令控制型环境规制工具。

综上所述，现有文献大多从单一路径角度分析环境规制对产业结构和经济增长的影响，并且较多集中在环境规制与经济增长、企业的技术创新行为和外商投资等的关系研究，对于传导路径的研究较少。同时，对于环境规制变量数据指标的选取也各有不同，大部分文献在环境规制变量指标的选取上多采用环境费用相关指标或者"三废"污染物的排放标准。

第三节　环境规制对产业结构调整的影响机制及理论假设

一　中国产业结构演进过程

（一）产业分类标准

根据《国民经济行业分类》，三个产业划分范围如下：第一产业是指农、林、牧、渔业；第二产业是指采矿业，制造业，电力、燃气及水的生产和供应业，建筑业；第三产业是指除第一、二产业以外的其他行业，包括交通运输、仓储和邮政业，信息传输、计算机服务和软件业，批发和零售业，住宿和餐饮业，金融业，房地产业，租赁和商务服务业，科学研究、技术服务和地质勘查业，水利、环境和公共设施管理业，居民服务和其他服务业，教育，卫生、社会保障和社会福利业，文化、体育和娱乐业等。

从产业结构分类来看，环境规制主要施加于第二产业，其中采矿业、制造业属于污染较为严重的行业。环保部在继火电和造纸两个行业换发新的排污许可证后，又再次正式出台文件，开始对钢铁和水泥两个行业换发排污许可证。2016 年 12 月，环保部还印发《关于实施工业污染源全面达标排放计划的通知》。按照要求，到 2017 年底，钢铁、火电、水泥、煤炭、造纸、印染、污水处理厂、垃圾焚烧厂等8个行业达标计划实施要取得明显成效，污染物排放标准体系和环境监管机制进一步完善，环境守法良好氛围基本形成。由此观察总结，我们可以得出，环境规制主要直接作用的领域在第二产业内。

（二）产业结构演进过程

产业结构变动包括两个方面：一是各产业技术进步速度不同并且在技术要求和技术吸收能力上的巨大差异导致各产业增长速度的较大差异，从而引起一国产业结构发生变化；二是在一国不同的发展阶段需要由不同的主导产业来推动国家的发展，伴随着主导产业的更替，对一国的产业结构造成变动。

改革开放后，为了使中国经济结构平衡化发展，涌入第一产业和第三产业的资本逐渐增加。但中国作为一个农业大国和人口大国，农业产值在长期内都会是国民经济结构中非常重要的一部分。分区间来看，第二产业产值比例在80年代期间呈逐年下降趋势，而在此期间服务业产值比例逐渐攀升。第三产业从1979—1990年，年均增速为10.0%，所占GDP比重从21.4%增加到31.3%，提高了9.9%。随着中国经济市场化和工业化的深入发展，进入90年代后期，第三产业占GDP的比重虽然出现波动，但总体呈现上升趋势。从2005年起，中国第三产业占GDP比重开始稳步增加，2015年首次超过50%。

根据统计年鉴数据，1985年第三产业比重为28.7%，第一产业比重为28.4%，第三产业比重首次超过了第一产业，并且这种现象一直持续至今，二者的产业结构比重差额呈现拉大远离态势。另一方面，第二产业和第三产业的比重差距逐渐趋近。

由于中国的第三产业内的行业大多具有国有垄断性质，缺乏创新驱动力，增速低于第二产业，在GDP的比重逐渐增加。虽然第三产业中各行业的贡献值大小不断变化，但是个人和社会服务性行业的发展一直处于增长态势。第三产业按服务功能可大致分为生产者服务的

图 6 - 1　中国第三产业产值占比

资料来源：中国统计年鉴。

行业以及满足消费者需求的个人和社会服务性行业。生产性服务业是指为生产、商务活动和政府管理而非直接为最终消费提供的服务，主要包括金融保险业、物流业、商务服务和信息咨询服务业等。从中国近年情况看，教育、卫生、金融保险等方面不能满足需求，服务业商品价格在以较大幅度不断上涨。预测以后，第三产业仍会以较高的增速发展。在今后发展过程中，随着产业结构的深化调整，大量的劳动力将脱离第一产业进入第三产业。当人均 GDP 在 4000—5000 美元时，经济发展内在地会对第三产业内部的生产性服务业发展有较高的要求。2015 年，中国人均 GDP 达到 5 万美元，第三产业会有较快的增长速度。

二　环境规制对产业结构调整的影响机制

（一）环境规制作用于进入壁垒

一般来讲，政府实施环境规制以达到保护改善环境的目的，或者要求企业生产符合一定的环境标准，会对企业层面施加一定程度的进入壁垒。严格的环境标准使新进入的污染型企业不得不为满足这一标准而在成本上做出让步。而且，为了同时满足当地的经济正常运行以及改善环境这两个目标，当地政府通常对新进入的污染型企业制定更为严格的环境标准。通过这样的方式，对于特定的区域来说，既不会让更多污染型企业进入该地生产，又可以保持原有的生产制造活动正常运行。因此，从潜在进入者角度来看，环境规制相当于一种进入壁垒，对于新污染型企业的正常进入是一道阻碍。

另一方面，在环境规制政策实施下，环境规制也使得新进入的污染型企业增加了运营所需要的资本，这在一定程度上相当于进入壁垒。企业进行正常生产活动需要一定的资本基础。由于各个行业的生产特性、产品种类以及加工工艺的不同，要进入不同的行业所需要的投入准备资金会不同，也就是所需要的最低资本不同。一般来说，所需要的资本数量越大，进入该行业也就越难。对于那些潜在进入的污染型企业，政府往往制定相应的政策规定其采用较为先进的技术设备和污染治理设施，以尽可能减轻新进入的污染型企业对污染物增量的压力。因此，环境规制的实施必然会增加企业的前期投入资金，提高了企业所需的资本量，从而成为了污染型企业进入的资本壁垒。

总体来看，无论是资本壁垒还是技术壁垒，环境规制政策都会对潜在的污染型企业生产造成阻碍。从污染型企业进入数量来看，环境规制的实施会将被规制行业的企业进入数量设定在一定范围内，而被规制行业往往是污染密集型行业，这将会导致污染密集型产业比重下降。从企业进入结构来看，环境规制的实施通过提高环保标准要求进入该地区的新企业都具有较好的绿色环保技术，从而优化了该地区的进入企业结构，间接地促进了该地区整体产业结构的优化。

综合以上分析，本章提出假说1：环境规制会通过企业进入退出行为来间接影响产业结构调整。

（二）环境规制作用于技术创新

从所有的生产要素对比来看，科学技术是最具有活力和可变性的。科学技术进步可以引发生产力的变革，这是产业结构调整和升级的首要直接动力。正如自然经济规律所展现的，技术创新和进步通常在经济发展度高的发达国家和地区实现，而技术创新发展到一定水平必然使得生产分工深化和国内外产业转移。随后后发地区可能通过来自发达地区的产业转移间接地获取技术创新带来的产业结构调整效应。技术进步推动产业结构调整的基本路径可以分为两类：技术创新和技术扩散。首先，技术创新完成后可以促进产生新的产业部门，或者利用传统产业间的融合完成产业结构调整。其次，技术进步也会使原有的需求结构、供给结构、贸易结构和就业结构发生改变，从而以技术扩散的方式影响产业结构调整。综上分析，技术创新行为可明显作用于产业结构的调整，如果环境规制的强度在某种程度上对企业的技术创新行为产生影响，那么我们有理由相信，环境规制可以通过技术创新这条中间路径间接影响产业结构调整。

以往的相关文献关于环境规制对产业结构的影响的研究，大致可以分为三类观点。一类支持波特假说主张，认为环境规制可以促进企业的创新行为；第二类观点认为环境规制可以增加企业的生产成本，抑制企业的技术创新行为；最后一类观点认为当环境规制强度低于某个阈值时，环境规制对企业技术创新是有抑制作用，当环境规制强度超过某个阈值时，环境规制对企业的创新行为是促进作用。1991年，波特假说提出，适当的环境规制对企业技术创新有促进作用，通过研发新产品、新工艺等降低企业成本，进而增加企业利润，提升其竞争力。在环境规制政策下，一方面，企业有进行技术创新降低成本的动力，技术创新带来的成本降低可以使获得先动优势并且有利于企业占有市场份额；另一方面，率先通过技术升级达到节能减排的企业还能获得政府的环保补贴或一些政策上的优惠，这一部分资金可以补偿企业为环境改善所进行的研究与开发、污染治理设施改善等花费。为了降低污染，企业可以采用不同的技术创新方式，不同的方式对产业结构调整的作用也不同。企业可以选择在原有的生产技术上进行改进，提高生产效率，减少生产过程中污染物的排放，该种方式导致原产业不断发展壮大；企业也可以在生产末端引进污染治理技术，该种方式能够促进环保产业发展壮大；企业也可以采用技术发明，采用完全崭新的技术，该种方式能够催生新的产业。

另一方面，环境规制会增加企业的生产成本，使企业的利润率不具备竞争力，减少了企业进行技术创新所需要的资本量。从这个角度看，环境规制不利于企业的技术创新行为。

综合以上分析，我们提出假说2：我们假设环境规制可以显著地影响企业的技术创新行为，进而沿着这一路径传导影响产业结构的调整。

（三）环境规制作用于产业转移

产业转移涉及到一揽子生产要素的转移，对于承接转移的后发地区而言，新生产要素的涌入会改变原有的要素结构。但是后发地区在承接产业转移过程中处于被动地位，先发地区具有主动选择权。在产业内分工的情况下，产业转移的对象通常选择在劳动密集的生产环节，一些高新技术制造产业的产业转移也往往是劳动密集的组装或装配环节。例如，主动承担国际产业转移是"中国制造"崛起的重要原因。自20世纪90年代中期以来。得益于中国独具特色的加工贸易政策和东亚地区的区域内产业转移，依托进口零部件和中间产品为基础的加工贸易出口迅速发展。加快了中国成为全球生产网络体系中举足轻重的最终装配基地的速度。随着进口中间产品技术含量的提升，中国的出口商品结构实现了从纯粹劳动密集型的低技术产品到相对技术密集型的中高等技术产品的跨越。

在产业链条下，产品生产呈现链条状分工，处于自身发展战略考虑，一些跨国公司往往将污染性加工步骤或低端加工环节设在发展中国家。由于这些低端加工环节并不需要科学技术含量，甚至会对本地加工企业造成环境污染危害，这将在长期内减弱本地加工企业的可发展能力和技术创新诉求意愿。长此以往，这样的固化现象会在发展中国家形成路径依赖现象。即处于生产链条加工低端的国家不仅牺牲了以环境为代表的可持续发展能力，以及无法自主生产技术含量高的新产品。然而在此过程中也可能发生外资企业的技术溢出现象，从而使加工环节的发展中国家实现技术升级，但是其技术外溢现象能否实现，往往依托于外资企业。外资企业仅仅想在海外谋求一个低生产成本的加工区域，况且技术是外资企业的竞争优势和其存在的核心竞争力，因此，外资企业并没有意愿去向处于生产链的低端加工的国家进行技术转移，甚至促进当地经济的发展。甚至在某些情况下，外资企业很可能阻止技术在东道国外溢。

对于生产企业来讲，当地环境规制的实施或强度的增加会导致生产成本的增加，对于外资企业想要谋求一个低生产成本的加工区域来讲，环境规制会起到抑制作用，使得处于低端加工链的发展中国家失去低成本的竞争优势。在环境规制影响产业转移的研究中，主要的研究观点就是"污染天堂假说"，即环境规制会增加生产成本，使得外资企业将低加工技术含量的生产环节转移至其他地区，发生产业转移现象。"污染天堂"效应是指环境规制强度的增大会导致成本收益的变化，从而对产业布局转移产生影响。在产品贸易壁垒减少的前提下污染型行业必然会从环境规制强度大的国家转移到环境规制强度小的国家，该假说成立的前提是，环境规制强度是影响产业转移的唯一或最重要的因素。实际上，产业转移不仅要考虑环境规制的影响，还要考虑其他多种因素，如劳动力成本、市场等，如果其他因素的影响较大，则只能说存在"污染天堂"效应。那么在不同的环境规制强度下，污染密集型产业的布局是否会从环境规制强度较强的地区向环境规制弱的地区转移。

鉴于以上分析，本章提出假说3：环境规制可以影响产业转移状况，进而影响产业结构的调整。

（四）环境规制作用于消费需求

生产的最终目的是满足需求。因此，需求叠加产生的市场规模是产业结构调整的基本前提，而市场需求的发展方向往往也决定了产业结构调整的方向。需求具有引导生产的作用，需求总量和结构现状，要求社会生产提供相应的一定数量的各种不同类型的产品和服务，需求结构的变动会导致产业结构的变换，对产业结构的有序演进具有直接推动的功能。因此，需求结构的变化和产业结构的变化二者存在着对应关系。需求结构包括消费需求和投资需求。消费需求可以直接对以生产资料为基础的产业结构产生影响甚至是变动，有研究表明，在不同的经济发展阶段，人们的消费需求结构往往不同。由于经济水平的提高，人们的可支配收入提高并且可消费的物质材料变得种类丰富和数量庞大，在一定程度上，个人消费可以在其中自由地做出选择，即个人消费的需求带有消费者个人的消费特征。即消费需求逐渐实现个性化、层次化和高度化。当社会群众对环境的关注度提高，以及政府实施的环境规制强度加强，这相当于一种隐性的环境规制，即发生在社会群众和消费者的意识层面。人们的环保概念、环保意识逐渐加强，这种意识的加强在其做出消费决定的时候可以影响其消费选择，使消费者的消费需求逐渐向环保化方向发展，例如，在购买灯泡时会优先选择节能灯泡，在购买汽车配件时会倾向于选择环保类型的产品。在个人需求消费结构变动的同时，产品结构也会随之发生变化，从而导致产业结构的调整和向高级化或者优化的方向发展。

政府制定环境规制等积极改善环境的行为，对社会的消费偏好起到引导的作用。比如，加大环保宣传力度，在生活社区或者学校内部进行环保意识的宣传，号召学生或者居民在生活中减少使用一次性消耗品。再比如，政府可以公开对重大污染事故的处罚结果，增加处罚力度，从而提高消费者对企业的污染排放监督意识等。这样的引导宣传可以普遍提高消费者环保意识，从而普遍提高对各种环保产品的需求，进而全面促进环保产业的发展。当人们的环保意识增强时，在消费时会倾向于使用环境友好型产品并降低环境污染型产品的使用量。

综合以上分析，本章提出假说4：环境规制可以通过需求端的消费需求来影响产业结构的调整。

（五）环境规制作用于投资需求

投资需求是另一个可以影响产业结构调整的需求端因素。投资需求往往是生产环节最重要的投入因素，是生产过程的重要基础之一。随着产业结构的差异，投资需求通常也有所差异。当资本偏好新兴高技术产业时，投资需求对新兴产业的影响会使其获得丰裕的资本，新兴产业就会有较好的发展，加速产业结构的调整。当资本投资偏好现有行业生产时，那么该行业可能也会得到较好的发展平台，从而使现有产业的结构比重增加，产业间的比值发生变动。因此，一般而言，投资需求可以引导产业结构的发展方向，从而影响产业结构的调整。环境规制的实施往往会导致企业的生产成本增加，从而使该行业的企业失去竞争优势，这会影响到资本在做出投资决策时的选择和衡量。但是从另一方面，若政府对污染行业环境规制的加强使得资本逐渐倾向于环保行业，这样的投资需求改变了行业产值的比例，从而影响产业结构内部的调整。在环境规制的实施过程中，生产者在进行生产决策时必然会考虑环境规制所施加的外在成本，这无疑会影响到生产者和投资者的投资需求。因此环境规制对产业结构调整存在着间接影响。

从投资需求方面分析，在资本选择投资方向和领域时，环境规制在其考虑因素之内。在个体角度上，政府制定环境规制工具将会对污染密集型行业的生产活动产生不利的约束影响。由于环境规制的存在，在经济利益的驱动下，投资者必然会转向投资那些绿色环保、环境规制相对较低的行业，这样就会影响投资需求结构。当一地的环境规制强度较为严格时，资本的投资需求会转向节能清洁型产业，因此环境规制在一定程度上会影响资本的投资偏好。

从更深层次的角度分析，环境规制对投资比例存在着一定程度的影响。例如，政策目前倡导的低碳经济等相关举措，会引导消费者消费环保型产品，并且一般来讲，环保型产品有较高的技术含量存在，需求的增加和生产成本的增加使得这类环保型产品比普通产品的市场价格较高。但是，如果在一个环境规制较为宽松的情况下，企业的生产活动成本较小，会相对地促进投资活动的进行。因此环境规制可以从投资需求的角度间接地影响产业结构的调整。

鉴于以上分析，本章提出假说5：环境规制可以通过资本的投资需求偏好路径来间接影响产业结构调整。

第四节　环境规制影响产业结构调整的实证分析

总结以上的分析，本章假设环境规制可以通过企业的技术创新行为、企业的进入退出行为、产业转移、消费需求以及资本投资需求这五种路径来影响产业结构的调整。

一　变量选取与数据收集

（一）选取变量和描述指标

1. 环境规制变量

一般来看，环境规制变量的指标可以分为总量指标和强度指标。总量指标一般有以下几种：各种环境投入类指标，包括：城市基础建设投资、工业污染治理投资等；各种污染物排放量，例如 SO_2 排放量；各种费用类指标，如排污费；各种政策数量类指标，例如环境污染信访数等。污染强度指标多是上述各种总量类指标同某一指数的比重，其实际意义与总量指标相近。由于环境规制指标众多，而且环境规制面对的监测对象种类繁多，本章采用工业污染治理投资这一指标代表环境规制变量的衡量。

2. 产业结构调整变量

当前衡量产业结构调整的方法主要有产值比重法、产业增加值比重法和就业比重法。本章采用产值比值法，以第三产业在整个 GDP 中的比重来衡量产业结构升级。如果第三产业占总产值比重很大，则意味着产业结构层次越高，产业结构得到了调整和升级。

3. 中间变量

本章共涉及五个中间变量，即企业的技术创新、企业的进入退出、产业转移、环保品的消费需求以及资本对环保业的投资需求。

在经济领域，衡量技术创新的指标可分为投入指标和产出指标。投入指标主要有同环境相关的 R&D，代表了某一地区对技术创新的重视程度。产出指标主要有被批准的专利数及同环境相关的专利申请数等。鉴于实际可行性，企业技术创新指标选取了 2000—2015 年国内各省获得的专利授权数。

企业进入指标在大多数文献中都采用行业内的企业数量。在采用面板数据的文献中，大多使用规模以上工业企业数，或通过计算整理得到规模以上工业企业增加数衡量企业进入。鉴于数据可获得性，本章采用规模以上工业企业数来衡量。

对于产业转移指标，由于本章研究的产业转移主要依托外商企业，因此本章采用了 2000—2015 年各省的外商投资工业企业的主营业务收入作为衡量。

对于消费者对环保品需求这一指标，由于消费者的消费倾向属于主观意识，较难观测。但是消费者对环境是污染行为只存在于日常生活中，我们可以通过城市生活垃圾清运处理量来衡量其环保意识。

某一地区的产业结构与本地区的投资结构是相互联系的，投资结构往往决定着产业结构，投资产品需求的增加又会带动生产投资产品行业的快速发展。关于资本对环保业的投资需求，本章用审批建设项目的环保投资总额来衡量。

4. 控制变量

为了使模型的设定更加合理、模型结论更加稳健，参照诸多的文献和研究成果，本章引入了相关控制变量，包括：受教育程度、各地产值、工业利润率、固定资产投资。

（二）数据来源

本章数据均来源于各统计年鉴和相关数据库，专利授权数、规模以上工业企业数、固定资产投资、各地经济发展水平以及工业企业成本费用利润率均直接来自各年《中国统计年鉴》，外商投资工业企业的主营业务收入、工业污染治理投资、城市生活垃圾清运处理量以及审批建设项目环保投资总额均来自国家统计局专题数据库。

二 实证检验

（一）构建计量模型

本章研究的数据样本为2000—2015年国内30个省级（除西藏外）的相关数据。由于中国30个省份经济发展水平和产业结构特征差别很大，每个省份都有各自的发展特征，因此固定效应模型更为适合。根据前述理论分析，对六个模型进行设定。同时为了保证结果的可靠性，尽可能降低异方差和共线性的影响，本章对所有的数据进行对数化处理。

1. 模型（1）研究环境规制与技术创新的关系，在面板模型中引入教育程度和各省市固定资产投资作为控制变量，并且为避免异方差和共线性，故都对所有数据作对数处理。

（1）$log\ js_{it} = \alpha_1 log\ er_{it} + \alpha_2 log\ edu_{it} + \alpha_3 log\ k_{it} + \mu_i + \varepsilon_{it}$

上式中，i代表不同的省份，t代表年份，js代表技术创新成果，er代表环境规制强度，edu代表各省就业人员中大学本科文化程度就业人员占比情况，k代表各省市固定资产投资状况，μ_i为个体效应，ε_{it}为随机误差项，下同。

2. 模型（2）研究环境规制与企业进入的关系，在面板模型中引

入各省 *GDP* 和工业成本费用利润率作为控制变量。

（2）$\log jr_{it} = \lambda_1 \log er_{it} + \lambda_2 \log gdp_{it} + \lambda_3 \log lrl_{it} + \mu_i + \varepsilon_{it}$

上式中，i 代表不同的省份，t 代表年份，jr 代表企业进入情况，gdp 为各省当年产值，lrl 代表工业成本费用利润率。

3. 模型（3）研究环境规制对产业转移的影响，产业转移以各省外商投资工业企业为代表，同时用教育程度和年产值为控制变量。

（3）$\log zy_{it} = \psi_1 \log er_{it} + \psi_2 \log edu_{it} + \psi_3 \log gdp_{it} + \mu_i + \varepsilon_{it}$

上式中，i 代表不同的省份，t 代表年份，zy 代表产业转移，er 代表环境规制强度，edu 代表各省教育程度，gdp 代表各省年产值。

4. 模型（4）研究环境规制对消费需求的影响，同时以各省年产值作为控制变量。

（4）$\log xf_{it} = \delta_1 \log er_{it} + \delta_2 \log gdp_{it} + \mu_i + \varepsilon_{it}$

上式中，i 代表不同的省份，t 代表年份，er 代表环境规制强度，gdp 代表各省年产值。

5. 模型（5）研究环境规制对投资需求的影响，同时以各省年产值，各省的教育程度作为控制变量。

（5 $\log tz_{it} = \omega_1 \log er_{it} + \omega_2 \log gdp_{it} + \omega_3 \log edu_{it} + \mu_i + \varepsilon_{it}$ ）

上式中，i 代表不同的省份，t 代表年份，er 代表环境规制强度，gdp 代表各省年产值，edu 代表各省就业人员的教育程度。

6. 模型（6）研究技术创新、企业进入、产业转移、消费需求和投资需求对产业结构调整的影响，并以各省固定资产投资、就业人员教育程度为控制变量。

（6）$\log cytz_{it} = \eta_1 \log js_{it} + \eta_2 \log jr_{it} + \eta_3 \log zy_{it} + \eta_4 \log xf_{it} + \eta_5 \log tz_{it} + \eta_6 \log k_{it}$

$+ \eta_7 \log edu_{it} + \mu_i + \varepsilon_{it}$

上式中，i 代表不同的省份，t 代表年份，$cytz$ 代表产业调整，js 代表技术创新，jr 代表企业进入情况，zy 代表产业转移，xf 代表消费需求，tz 代表投资需求，edu 代表就业人员的教育程度，k 代表固定资产投资。

（二）实证结果分析

在进行面板模型回归时，首先要在固定效应模型、随机效应模型和混合效应模型中进行选择，根据 Hausman 检验，支持固定效应回归模型。为了方便观察对比，本章仅列示了固定效应模型的回归结果。

首先用环境规制强度变量分别对五个中间变量进行面板回归，第二步利用五个中间变量对产业结构调整做面板回归。如果某种环境规制能够显著作用于中间变量且该中间变量能够显著作用于产业结构调整，则认为该作用路径存在。通过计算每一种作用路径下所有显著的环境规制对产业结构调整的作用可以得到每一种作用路径的效果。通过计算一种环境规制所有显著的作用路径对产业结构调整的综合作用，可以得到环境规制的产业结构调整的作用效果。

表6－1 环境规制对技术创新的影响

VARIABLES	(1) ljs
ler	− 0. 0754 **
	(0. 0329)
ledu	0. 4928 ***
	(0. 0551)
lk	0. 6749 ***
	(0. 0358)
Constant	2. 6532 ***
	(0. 222)
Observations	480
Number of id	30
R – squared	0. 886

Standard errors in parentheses

*** p < 0. 01, ** p < 0. 05, * p < 0. 1

如表 6 - 1 所示，环境规制对企业技术创新产生了负效应，并通过了 5% 显著检验。但是工业治理投资额相对于技术创新的系数值为负数，说明以工业污染治理投资额为衡量标准的环境规制，这一途径不能够促进企业的技术创新行为。工业污染治理投资不能够激发企业层面的技术创新的主动性，对企业的治理投资会减弱企业进行技术研发创新的动力。当环境规制强度低于某个阈值时，环境规制对企业技术创新有抑制作用，当环境规制强度超过某个阈值时，环境规制对企业的创新行为是促进作用。因此，当设置命令型强制环境规制时，企业的技术创新行为驱动力会增强。

表 6 - 2 　　　　　　　　　　环境规制对企业进入的影响

VARIABLES	(2) ljr
ler	0. 2317 ***
	(0. 0228)
llrl	0. 1051 **
	(0. 0406)
Constant	7. 8927 ***
	(0. 081)
Observations	480
Number of id	30
R - squared	0. 224

Standard errors in parentheses

*** $p < 0.01$, ** $p < 0.05$, * $p < 0.1$

如表 6 - 2 所示，环境规制可显著作用于企业进入行为，该结果通过了 1% 下的显著性检验。以工业治理投资额相对于规模以上工业企业进入的系数为正数，这说明工业污染治理投资额是一种投资导向信号，当对于工业污染治理投资增加时，对工业生产是一种支持治理导向，会使得企业更愿意进入该行业并在获得这样的投资下进行生产制造。

表6-3 　　　　　　　　　　　环境规制对企业转移的影响

VARIABLES	(3) lzy
ler	0.0548 *
	(0.0316)
ledu	-0.0921 *
	(0.0548)
lgdp	1.027 ***
	(0.0508)
Constant	-2.503 ***
	(0.373)
Observations	480
Number of id	30
R-squared	0.840

Standard errors in parentheses

*** $p < 0.01$, ** $p < 0.05$, * $p < 0.1$

如表6-3所示，环境规制可显著作用于产业转移行为，并在10%下通过显著性检验。工业治理污染投资相对于各省外商投资工业企业系数为正数，说明某地区工业污染治理投资额的增加可促进外资企业的生产活动的可能性，从而影响该地区的产业结构。工业污染治理投资额是一种投资导向信号。外资企业一般拥有先进的技术，当获得投资额的增加时，其更愿意利用资本，转化为技术或生产优势，在当地进行规模生产。

表6-4   环境规制对消费需求的影响

VARIABLES	(4) lxf
ler	0.001
	(0.0024)
lgdp	0.9867***
	(0.0023)
Constant	0.1155***
	(0.017)
Observations	480
Number of id	30
R-squared	0.99

Standard errors in parentheses

*** p < 0.01, ** p < 0.05, * p < 0.1

如表6-4所示,工业污染治理投资额并不能显著作用于消费需求这一路径。一般来讲,污染治理投资额可以较为针对性地作用于生产过程,对居民消费并没有直接的影响,因此该回归并不显著也符合一定的研究逻辑。即环境规制不能通过消费者环保意识这个路径,显著作用于产业结构调整。

表6-5   环境规制与投资需求关系

VARIABLES	(5) ltz
ler	0.1431*
	(0.0790)
lgdp	1.6619***
	(0.1270)

续表

VARIABLES	(5) ltz
ledu	− 0. 578 ***
	(0. 1370)
Constant	− 0. 7834 **
	(0. 933)
Observations	480
Numberofid	30
R − squared	0. 607

Standard errors in parentheses

*** p < 0. 01, ** p < 0. 05, * p < 0. 1

如表 6 - 5 所示，环境规制可显著作用于投资需求这一传导路径，并通过了 10% 的显著性检验。说明环境规制的实施可以引导投资需求结构的变化。投资需求的存在可以保证新的生产能力的形成，这就为生产过程提供了物质基础。这符合不同的投资需求往往会对应着不同的产业结构这一研究逻辑。

表 6 - 6　　　　五种传导路径对产业结构调整的影响

VARIABLES	(6) lcytz
ljs	0. 0617 ***
	(0. 0108)
ljr	− 0. 0674 ***
	(0. 0148)
lzy	− 0. 0626 ***
	(0. 0110)

VARIABLES	(6) lcytz
lxf	0.2098 ***
	(0.0645)
ltz	− 0.2153 ***
	(0.0795)
ledu	0.0021
	(0.0133)
lk	0.0349
	(0.0234)
Constant	4.1354 ***
	(0.218)
Observations	480
Number of id	30
R − squared	0.351

Standard errors in parentheses

*** $p < 0.01$, ** $p < 0.05$, * $p < 0.1$

根据 2000—2015 年 30 个省级数据的面板回归结果显示,技术创新、企业进入、产业转移、消费需求和投资需求这五种中间变量都可以显著地作用于产业结构调整,并且都通过了 1% 下的显著性检验。

(3) 区域性实证分析

由于各地区域经济发展水平、产业结构特点的不同,环境规制作用于产业结构调整的路径效果也会有所不同。以下利用固定效应模型,针对中国东部、中部和西部三个区域分别进行六个模型的实证检验,对于不同的发展区域,环境规制对每个路径的传导强弱也会不同。

表 6－7　东部地区环境规制传导路径的影响系数

	(1) ljs	(2) ljr	(3) lzy	(4) lxf	(5) ltz	(6) lcytz
ler	-0.0901*	-0.0748*	0.0768**	-0.000661	0.0154	
	(-1.72)	(-1.92)	(2.37)	(-0.21)	(1.64)	
ledu	0.726***		-0.148**		0.0247	0.0593***
	(6.96)		(-2.13)		(1.23)	(3.22)
lk	0.599***					-0.0904***
	(8.79)					(-2.88)
llrl		-0.444***				
		(-4.22)				
lgdp		0.390***	0.994***	0.988***	0.858***	
		(9.90)	(16.54)	(322.09)	(49.20)	
lzy						0.00582
						(0.28)
ljs						0.0645***
						(4.32)
ljr						0.0360**
						(-2.15)
lxf						0.209***

续表

	(1)	(2)	(3)	(4)	(5)	(6)
	ljs	ljr	lzy	lxf	ltz	lcytz
ltz						-0.161
						(-1.37)
_cons	3.527***	6.607***	-1.110**	0.111***	2.240***	3.851***
	(7.95)	(21.32)	(-2.38)	(4.52)	(16.53)	(11.10)
N	192	192	192	192	192	192

t statistics in parentheses

* $p < 0.10$, ** $p < 0.05$, *** $p < 0.01$

在东部地区，环境规制可以显著地通过技术创新、企业进入和产业转移这三条传导路径来影响产业结构调整。当工业污染治理投资对产业转移的影响系数为正，说明随着工业污染治理投资增加，会吸引外资企业进入本地生产制造。

表6-8　　　　　　中部地区环境规制传导路径的影响系数

	(1)	(2)	(3)	(4)	(5)	(6)
	ljs	ljr	lzy	lxf	ltz	lcytz
ler	-0.0655	0.0368	-0.108 **	-0.00160	-0.00107	
	(-0.93)	(0.91)	(-2.42)	(-0.27)	(-0.14)	
ledu	0.590 ***		-0.164 **		-0.0165	0.0439
	(6.00)		(-2.61)		(-1.53)	(1.53)
lk	0.588 ***					0.216 ***
	(9.72)					(4.39)
llrl		0.126 ***				
		(3.43)				
lgdp		0.435 ***	1.249 ***	0.993 ***	0.983 ***	
		(12.67)	(20.41)	(197.86)	(93.67)	
ljs						0.0216
						(0.99)
ljr						-0.119 ***
						(-2.76)
lzy						-0.0857 **
						(-2.36)
lxf						-0.354
						(-0.76)
ltz						0.153
						(0.33)
_cons	3.134 ***	4.467 ***	-4.359 ***	0.0614 *	0.958 ***	4.835 ***

	（1）	（2）	（3）	（4）	（5）	（6）
	ljs	ljr	lzy	lxf	ltz	lcytz
	（8.59）	（18.68）	（-9.80）	（1.75）	（12.57）	（9.87）
N	144	144	144	144	144	144

t statistics in parentheses

* p < 0.10, ** p < 0.05, *** p < 0.01

中部地区与东部地区相比，发展水平落后、企业的发展创新能力也不强。在中部地区，以工业污染治理投资为衡量指标的环境规制仅能显著影响企业转移一条路径。投资导向的环境规制对企业创新行为、企业进入行为和投资消费需求影响均不敏感。而且，工业治污投资对产业转移的系数是负数，这不同于东部地区和整体的实证结果。由于地区结构的差异，环境规制的传导路径影响效果产生差异。

表6-9　　　　西部地区环境规制传导路径的影响系数

	（1）	（2）	（3）	（4）	（5）	（6）
	ljs	ljr	lzy	lxf	ltz	lcytz
ler	-0.117**	-0.102**	0.124	0.00663	-0.00916	
	（-2.53）	（-2.57）	（1.44）	（1.50）	（-1.10）	
ledu	0.0595		0.0299		-0.00969	-0.0496**
	（0.78）		（0.22）		（-0.73）	（-2.18）
lk	0.926***					0.158***
	（16.77）					（2.71）
llrl		-0.0571				
		（-1.45）				
lgdp		0.395***	0.895***	0.978***	0.976***	
		（9.85）	（6.50）	（226.53）	（73.04）	
ljs						0.0237

续表

	(1)	(2)	(3)	(4)	(5)	(6)
	ljs	ljr	lzy	lxf	ltz	lcytz
						(0.89)
ljr						– 0.0506 *
						(– 1.73)
lzy						– 0.0643 ***
						(– 4.52)
lxf						– 0.225
						(– 1.35)
ltz						0.132
						(0.80)
_ cons	0.666 **	4.777 ***	– 2.754 ***	0.172 ***	1.647 ***	3.564 ***
	(2.04)	(18.22)	(– 2.93)	(5.86)	(18.08)	(9.03)
N	144	144	144	144	144	144

t statistics in parentheses

* p < 0.10, ** p < 0.05, *** p < 0.01

在西部地区，环境规制可以显著影响企业技术创新和企业进入两条传导路径，且影响为负数。随着工业污染治理投资增加，不利于企业进行技术创新行为。对于西部地区，建立有效的环境监督机制，与环境规制配套合作，会有效促进产业结构调整。

第五节 结论与政策建议

一 主要结论

综合理论分析和实证检验结果，我们可以得出以下结论。

从表 6 – 6 中我们可以看出，整体上技术创新、企业进入、产业转移、消费需求和投资需求这五种变量都可以显著地影响产业结构调整。同时，环境规制可以显著地影响企业技术创新、企业进入、产业转移和投资需求这四种中间变量，这说明环境规制可以显著地通过这四种传导路径间接影响产业结构，环境规制不能显著地通过消费者环保意识作用于产业结构调整。

1. 在理论分析中，当环境规制强度低于某个阈值时，环境规制对企业技术创新呈现抑制作用；当环境规制强度超过某个阈值时，环境规制对企业的创新行为具有促进作用。但是根据实证结论，发现以工业污染治理投资额为衡量指标时，其对企业的技术创新行为影响系数为负数。当工业污染治理额增加时，企业缺乏对技术创新的主动性和能动性，不利于激发企业的技术创新行为。

2. 对于企业进入行为和产业转移，以工业治理投资额相对于规模以上工业企业进入的系数为正数；同时，工业治理污染投资相对于各省外商投资工业企业系数为正数。这在一定程度上说明工业污染治理投资额具有投资导向信号功能。从外资企业角度分析，外资企业一般拥有先进的技术，当获得投资额的增加时，其更愿意利用资本，转化为技术或生产优势进行生产。

3. 污染治理投资额主要可以较有针对性地作用于生产过程，但对居民消费并没有直接影响，因此，此项指标没有通过显著性检验，说明工业污染治理投资额并不能显著作用于消费需求这一路径。

4. 对于不同的区域，环境规制的有效传导路径不同，影响效果也有所不同。在东部区域，环境规制可以显著地通过技术创新、企业进入和产业转移这三条传导路径来影响产业结构调整。在中部区域，发展水平落后、企业的发展创新能力也不强。以工业污染治理投资为衡量指标的环境规制仅能显著影响企业转移一条路径。而对于西部地区，环境规制可显著影响企业技术创新和企业进入两个途径并且影响系数为负数。

目前中国面临着保持经济增长的同时逆转环境恶化的严峻挑战，缓解这一"两难"格局的关键路径之一便是产业结构的"绿色化"调整。然而，中国的产业结构存在的结构趋同、产能过剩、恶性竞争、资源浪费等一系列问题并未得以有效解决，同时经济个体缺乏结构调整的内在激励。因此急需在现有产业政策的基础上寻找新的有力抓手和驱动力助推产业结构的调整。另一方面，环境治理和环境改善的问题急于解决。因此，如何调和环境和经济的关系，使二者协调发展，从而实现建设环境友好型、资源节约型社会，是中国当下面对的亟待解决的问题。

二　政策建议

（一）因地制宜利用治污工具

通过本章分析，工业污染治理投资并不能很好地调动企业创新能动性。各地政府在进行相关投资决策时，应充分建立监督机制或者效果反馈评价机制。在现实中，由于政府和企业之间信息不对称，政府应该多以命令—控制型和经济激励型环境规制工具为主，其可以充分运用这些手段，例如排污费、补贴机制等市场激励型环境规制工具来增加污染企业的制造生产成本，增加能耗大的污染企业的行业进入门槛，以此设置进入壁垒。通过这种手段，可以针对性地引导企业投资支出的需求方向，最后的目的都是优化产业结构调整，使其向高级化方向发展。另外，通过建立排污权交易、征收环境税等手段可以激发企业的技术创新主动性，以此来弥补进入壁垒带来的负效应，通过这一路径也可以促进产业结构调整，达到产业结构优化的结果。在一定程度上，环境税可以使污染密度逐渐减少，即污染税率的逐渐升高可以促使企业采用更加清洁更加环保的生产方式和技术来生产。同时，严格的污染排放标准能够促进劳动力在相异产业间流动，即由高的进入壁垒行业转向低的进入壁垒行业，产业结构可以随之改变。从1982年中国开始依据"征收排污费暂行办法"对排污企业征收排污费，但是截止如今，依然还未实行对多个污染源进行多重征税或者排污费的办法，在水污染方面应实行累进税制度，在大气污染源征税方面，还缺乏可靠的参考指标。

通过一些发达国家的实践，排污权交易可以成为一种较为有效的治理污染的规制手段，并可以得到逐渐完善和发展。在市场的调节下，排污权交易可以克服定价困难和避免监管成本较高的问题，它在满足一定的总体环境规制强度下，可以准许各个厂商就排污权进行交易，从而可以达到资源的有效配置，是一种较为有效率的环境规制工具。

（二）创新环境规制工具的种类

通过加强环境保护建设，逐渐提高环境规制强度，这样增加微观企业进入污染行业难度，以促使产业结构不断优化升级。在设置环境规制工具的时候，相关治理机构应该注重环境规制有效的实施形式，应该正确利用环境规制对进入壁垒影响产业结构优化的驱动作用。对于环境规制的工具样式和种类可以适当创新，使环境规制工具可以匹配当地的发展模式特征，能够做到有的放矢。

尽管国内的环境规制对各地区的排放标准都有同样的要求，但产业不同所产生的排放量各异，因此地区间的环境治理投资和非正式环境规制水平具有差异性。这些差异对地区间的污染产业转移具有显著影响。从本章的实证分析结果看，虽然环境规制可以通过多种路径间接影响产业结构调整，但是其通过投资需求的作用路径效果较强。这说明环境规制的实施以及其强度大小可以对资本的投资需求偏好起到导向作用，进而影响投资结构和产业结构。同时，在实践过程中，也应当考虑到不同省份的污染特征以及经济投资发展水平并制定差异化的规制政策及强度。

第七章　环境规制对国际出口竞争力的影响

第一节　引言

一　研究背景与意义

（一）研究背景

自 2001 年正式加入世界贸易组织以来，中国始终积极探索全方位的经济开放和多元化的国际贸易合作。此后随着经济全球化和贸易自由化的逐步深入，中国和世界经济体的联系日益密切，在国际贸易中的重要地位也日益凸显。2001 年，中国进出口贸易总额为 4.22 万亿元人民币，2017 年这一数值达到 27.79 万亿元人民币，约为入世前的 6.6 倍。其中，中国 2017 年出口贸易额达 15.33 万亿元人民币，较 2001 年的 2.20 万亿元人民币增长约 6 倍；进口贸易额达 12.46 万亿元人民币，较 2001 年的 2.02 万亿元人民币增长约 5.2 倍[①]。2009 至 2017 年间，中国始终保持全球贸易出口额第一和贸易进口额第二的地位，是公认的贸易大国和制造大国，为世界经济的增长做出巨大贡献。同时，对外贸易的快速发展也拉动了国内经济的高速增长，创造出"中国奇迹"。

---

① 数据来源于中华人民共和国海关总署，www.customs.gov.cn。

但不容忽视的是，在经济高速发展的同时，中国的对外贸易也面临内外双重压力。从国际环境看，随着全球性的金融危机对经济造成的负面影响持续蔓延，贸易保护主义的思想开始重新兴起，各国偏向于实行保守的贸易保护政策。而中国作为长期以来的出口大国，势必首当其冲，严峻保守的国际环境将对中国当前出口竞争力的提升产生负面影响。同时，2008年席卷全球的金融危机使发达国家意识到脱离制造业这一基石的经济发展模式是不可取的，以制造业发达的德国和经济强国美国为典型，发达国家相继提出"工业4.0"革命和"重返制造业"战略计划，对中国制造业出口的转型升级形成重压。从自身条件看，中国制造业长期走低质低价的发展模式，只强调贸易数量而相对忽视贸易质量。中国虽出口额巨大，但在全球价值链分工体系下始终处于末端环节，产品的技术含量不高，附加值低。此外，伴随中国劳动力、土地、能源等生产要素价格持续上涨，中国的低价优势也逐渐丧失，其他新兴国家利用其劳动力和土地等低成本优势挤占中国制造业的发展空间。

在全球制造业处于激烈变革的时期，通过技术创新加快出口产业转型升级成为提升制造业出口竞争力的重要举措。同时，日益严重的环境问题也要求中国制造业必须改变粗放型的发展模式，最大程度减轻对环境的污染和破坏。近年来中国环境污染问题频发，"高能耗、高污染、高排放"的经济增长模式背后的环境代价已十分沉重。耶鲁大学发布的《2018年环境绩效指数报告》中，中国的空气质量在180个参评国家中排名第177位，已成为环境污染的"重灾区"。为解决环境问题，实现经济的可持续发展，实行环境规制、推行清洁生产已成为社会共识。政府对环境保护的重视程度也日益提升，从"十一五"规划到"十三五"规划，政府始终强调环境治理和保护问题，并逐步增强环境规制力度。《"十三五"生态环境保护规划》更是明确提出：通过实施最严格的环境保护制度，总体改善生态环境质量。

实施环境规制是进一步加剧制造产业的成本压力或是倒逼产业转

型升级，环境规制和产业出口竞争力的关系究竟是"此消彼长"抑或是存在"双赢"的局面，是相关研究密切关注的话题，也是本章的研究重点。

（二）研究意义

当前环境污染问题已威胁到居民的身体健康和生活质量，同时严重阻碍经济的可持续发展。政府已经开始重视对环境的治理和保护，环境规制的力度和决心前所未有，包括对污染严重的产业实施限产和停产等措施。但限制生产、强制关停等环保措施虽然可以在短期内遏制污染问题，却不是长久之计。作为一个高速发展中的新兴经济体，中国在很长的一段时间内，仍旧要依赖制造业来提供大量就业岗位，助推国民经济发展。

政府一方面需要实施严格的环境规制政策对制造业的发展作出一定的限制，降低其对环境的污染和破坏，以期实现经济的绿色发展和可持续发展；另一方面，制造业的出口贸易在经历长期的低质量增长和发展后，已经开始面临成本优势丧失的困境。可见在当前中国经济进入新常态、产业结构深度调整的背景下，中国制造业的发展不仅面临成本上升、国际竞争激烈的压力，同时也面临日益严格的环境规制政策带来的内部挑战。能否通过构建合理的环境和贸易协调发展的政策体系，实现环境保护和产业出口竞争力提升的双重目标，是研究关注的重点。

从理论层面看，关于环境规制对产业出口竞争力究竟产生何种影响这一问题，学术界始终没有统一答案。环境规制政策是一把"双刃剑"，其一方面会增加产业的生产成本，不利于维持产业在国际竞争中的成本优势；另一方面也可能通过倒逼产业进行技术创新和产品升级的形式，提升产业在国际市场中的竞争力。本章通过进行环境规制对产业出口竞争力的影响机制分析和实证研究，阐明环境规制和产业出口竞争力二者之间的关系，探索生态环境保护和贸易强国建设的平衡点，对实现生态文化建设和贸易强国建设协调并进具有重要意义。

二 概念界定与理论基础

(一) 概念界定

经济范畴中的竞争是指处于同一市场中的厂商为争夺有利的条件，获取最大的利益而进行的斗争，竞争力则是竞争优势的体现。出口竞争力按照主体可划分为：国家竞争力、产业竞争力、企业竞争力和产品竞争力，本章着重讨论产业出口竞争力这一层次。关于产业出口竞争力的定义，学术界有不同的看法和界定。波特（2007）给出了出口竞争力在产业层面的定义，这也是在国际上比较被认可的说法。波特认为产业出口竞争力是指一国产业在自由贸易的国际市场中，可以以高于其他国家相同产业的生产力向特定消费者提供产品并以此持续获利的能力。

(二) 理论基础

1. 遵循成本效应

传统学派关于环境规制对产业出口竞争力的影响分析建立在静态的分析框架下，以新古典经济学理论为基础。传统学派认为环境规制实质上是将具有外部性的环境成本内部化，在消费需求、技术水平、要素禀赋等既定的情况下，这增加了被规制企业的遵循成本，对出口竞争力的提升有负向的"成本效应"。面临环境规制约束，企业为控制污染物的排放需要付出额外的费用，这部分成本被称为遵循成本。遵循成本的存在一方面直接导致企业资源的重新配置，降低了企业的生产效率；另一方面在环境方面的治污投资直接挤占了企业的生产性投资，导致潜在产出损失。

相关学者将环境规制理论具体应用到国际贸易中发展出扩展的要素禀赋理论。传统的要素禀赋理论是分析国际贸易和产业间比较优势最常用的理论，其认为国家间要素禀赋的差异决定贸易模式，一国应该出口密集使用该国丰富资源所生产的产品。而扩展的要素禀赋理论把环境资源视为劳动和资本外的第三种要素，认为环境同样可以影响一国产业在国际贸易中的比较优势。一般认为环境规制水平较低的国家在环境这一资源上较为富裕，其污染产业在国际出口贸易中具有比较优势。

　　基于环境规制影响产业比较优势这一结论，Walter 和 Ugelow（1979）扩展出环境避难所假说。该假说提出发展中国家更关注经济发展，而发达国家则更重视环境保护。在自由贸易的国际环境中，当发达国家实施严格的环境规制政策而发展中国家依然维持较为宽松的环境规制水平时，发展中国家的重度污染产业将获取比较优势，成为污染产业的"避难天堂"。

　　面临严格的环境规制政策，企业若想维持生产一般有两种选择。一是维持现状，同时通过缴纳排污费或者购买排污权等方式承担相应的环境污染成本。二是购买新设备或更新生产工艺流程，控制生产各环节污染物的排放，从而降低对环境的破坏和污染。企业不论怎么抉择，都不可避免地面临由环境规制带来的整体生产成本的增加，进而影响出口。环境规制政策通过遵循成本效应影响出口贸易，而"成本效应"则主要表现为"抵消效应"和"约束效应"。

　　一方面，企业面临环境规制政策，必须采取措施保证生产。不管是通过更新设备和工艺流程降低污染水平或者是缴纳环境税费、购买排污权等方式，势必增加企业成本。同时企业在购买污染治理设备或引进清洁工艺流程后，需要付出额外的人力费用和管理费用，这将进一步加剧企业的成本负担。在资源有限的前提下，新增的环境规制政策将对企业生产要素投入和研发创新投入产生"挤出效应"，不利于出口产品质量升级，提升出口企业的成本，从而对出口竞争力的提升产生"抵消效应"。

　　另一方面，企业进行生产经营活动面临一系列约束条件，环境规制政策实际上为企业生产决策活动增加了一个新的约束，在进行要素配置、企业选址等决策时都需要考虑环境的限制，企业的生产可行集缩小。面临环境规制，企业在进行采购、生产、管理、销售等环节的难度增大，企业生产活动受限制，对企业出口竞争力的提升产生"约束效应"。

进一步分析，将环境规制成本作为企业生产总成本的一部分，并探究实施环境规制政策对企业比较优势及出口贸易的影响。假定本国和外国都生产产品 1 和产品 2 两种产品，两国的消费者偏好、技术水平和制度环境相同。c_i 表示本国生产一单位 i 产品的投入，c_i^* 表示外国生产相同一单位 i 产品的投入。考虑企业面临环境规制，则企业的总成本分为生产成本和环境成本两部分，$c_i = c_{ip} + c_{ie}$。定义 e_i 为环境成本负担系数，表示环境成本占总成本的比重，$0 < e_i < 1$，则可以得出 $c_i = c_{ip}/(1 - e_i)$。若不考虑环境成本，有 $c_i = c_{ip}$，当 $c_{1p}/c_{2p} < c_{1p}^*/c_{2p}^*$ 时，本国在产品 1 的出口上有比较优势。若加入实施环境政策的影响，则当 $c_{1p}(1 - e_2)/c_{2p}(1 - e_1) < c_{1p}^*(1 - e_2^*)/c_{2p}^*(1 - e_1^*)$ 时才可认为本国在产品 1 的出口上有比较优势。可以发现此时环境成本负担系数大小可以影响一国产品出口的比较优势，即环境规制强度影响产品比较优势。当 $1 - e_2/1 - e_1 < 1 - e_2^*/1 - e_1^*$ 时，本国可以维持其在产品 1 上的比较优势，假设两个生产产品 2 的环境成本相同，此时必有 $e_1 < e_1^*$。也就是在其他条件不变的情况下，较为宽松的环境规制政策有利于强化一国产品的比较优势，而提高环境规制水平强度，则可能导致一国原有的比较优势弱化甚至丧失。

综上，遵循成本效应认为一国实施环境规制政策将使得环境成本内部化，增加企业的总成本，抑制企业在生产和技术创新上的投入，进而削弱该国在国际出口贸易上的比较优势，阻碍出口竞争力的提升。

2. 技术创新效应

区别于传统学派，修正学派则以动态的、长期的视角看待环境规制的作用。修正学派的代表性理论为"波特假说"（Porter 和 van der Linde，1995），该假说认为合理的环境规制水平会激励企业进行技术创新，进而产生"创新补偿"效应，创新所带来的效益可以部分或完全抵消环境规制带来的遵从成本，进而最终对产业出口竞争力的提升产生正向效应。创新补偿一般有产品补偿和工艺补偿两种形式。产品补偿是指企业为适应环境规制政策进行技术创新并生产出高质量的环境友好型产品，在降低产品处置成本的同时提升产品在市场上的竞争力。工艺补偿是指企业通过引进新技术或进行技术研发改进生产工艺流程，企业一方面可以减少污染物排放，降低对环境的损害；另一方面提高资源利用率和生产效率。

Jaffe 和 Palmer（1997）区分出三个版本的"波特假说"。狭义版假说强调相较于命令性的环境规制，灵活的环境规制政策更能促使企业进行技术创新；弱版假说认为合理的环境规制水平会激励企业进行技术创新，但遵循成本和"创新补偿"的合力并不明确，即环境规制的正向效应和负向效应并不固定；强版假说则提出合理的环境规制所带来的"创新补偿"效用可以完全弥补遵循成本，有利于企业提升自身竞争力。

"波特假说"关于环境规制影响出口贸易的结论区别于"遵循成本说"，其认为环境规制引发的技术创新可以抵消由其带来的额外环境规制成本。"波特假说"认为从长期动态的视角出发，环境规制会倒逼企业进行技术创新，提升企业生产率和产品质量，进而有利于提升一国出口的贸易比较优势，对出口有正面效应。

随着经济发展和生活质量提升，各国人民对环境污染问题日益重视，环境规制强度势必会只升不降。面临日益严厉的环境规制政策，企业若仍保持现状，必须支付高昂的污染治理费用，同时无法在激烈的国际市场竞争中获取先动竞争优势。在利润最大化的驱使下，企业面临严格的环境规制政策只能进行技术创新。通过技术创新改进生产流程一方面可以减少污染排放，避免企业在环境成本上的支出。另一方面，通过技术创新可以提升产品的质量，降低产品的污染，进而促进出口贸易。技术创新对产品出口竞争力的提升效应表现在以下方面：

（1）创新补偿

"波特假说"认为适宜的环境规制强度会刺激企业进行技术创新，这种环境技术创新会带来创新补偿效应，并弥补部分或全部的环境成本，最终环境规制反而有利于产业出口竞争力的提升。随着国内外环境规制标准的日益趋紧，企业所需付出的环境规制成本也将明显增加。通过绿色技术创新，企业能够有效降低生产过程中的污染物排放，适应环境规制的标准，同时提升产品质量，促进出口。

企业通过购买先进技术和生产设备或进行自主研发，一方面可以提升资源的利用效率，更高效地利用现有资源，降低能耗。另一方面，产品创新和工业创新有助于企业提升生产效率，促进产品质量升级。企业进行技术创新后，不仅能弥补由环境规制带来的环境成本，而且有利于企业产品升级，在国际市场上形成竞争优势，提高出口竞争力。

（2）先动优势

在当前的国际环境下，环境保护和可持续发展已成为全球共识，产品的绿色化趋势将成为必然。世界消费需求在加速转向低污染绿色产品，较早适应环境标准并进行环境友好型产品生产的企业可以在国际竞争中处于有利地位。具有出口贸易竞争力并且能够实现可持续发展的企业，一定是那些能够率先进行技术创新和产品更新并引领市场趋势的企业。先受到环境规制约束进而率先进行绿色技术创新的企业，可以提前进行工艺和产品的革新，先一步推出低污染产品。在国际竞争中抢先一步占领市场，获得先行优势，促进本国产业出口贸易的增长。

（3）跨越绿色贸易壁垒

随着全球环境问题日益严峻，世界各国纷纷制定环境规制政策限制本国污染产业的生产。但环境污染不仅发生在生产过程中，也存在于消费过程中。因此各国也纷纷发布各类环境标准对进口产品加以限制，避免产品对环境的二次污染。各国对进口产品的质量加以限制实际上形成绿色贸易壁垒。而想绕过贸易壁垒，只能通过环境技术创新减轻产品对环境的污染，提升产品品质。一国实施环境规制政策可以倒逼企业进行技术创新，企业通过生产符合国际环境质量标准的产品，有利于成功绕过绿色贸易壁垒进入国际市场获取市场地位，有利于促进本国出口贸易。

（4）消费者需求

环境问题已经成为全球性问题，各国都开始重视对环境的保护以实现可持续发展。尤其发达国家，在经历经济的高速增长后，随着环境质量持续恶化，消费者愈加关注产品的清洁和低污染属性。消费者环保意识的增强使得其更倾向于购买清洁型的产品，减少对环境负面影响较大的产品的消费（Frankel，2005）。通过环境规制倒逼企业进行技术创新，可以促使其重视绿色生产，减轻对环境的污染。通过迎合国际市场上日益高涨的绿色消费需求，企业一方面可以树立良好的社会形象，另一方面也可以促进出口的增长。

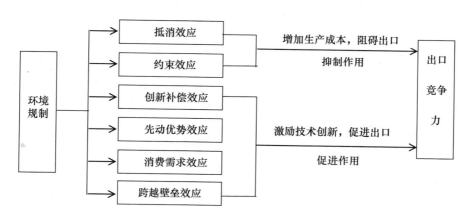

图 7 - 1 环境规制对出口竞争力的影响机制

三 主要内容

本章研究思路及篇章结构安排如下：

第一节为引言。主要介绍本章的研究背景和研究意义，给出环境规制相关概念，以及本章的主要研究内容。

第二节为文献综述。主要是梳理国外和国内关于环境规制影响产品出口竞争力的一系列研究，总结现有研究的不同结论，并阐明继续深化研究的方向。

第三节为环境规制对产品出口竞争力的影响机制。该部分是后续实证研究的理论基础，从理论层面分析了环境规制对产品出口竞争力的影响。首先，分析了实施环境规制政策所产生的遵循成本效应和技术创新效应。其次，通过构建两部门生产模型综合考虑两种效应对产品出口竞争力产生的影响。同时，在考虑行业异质性的基础上，将制造业进一步分类，提出关于环境规制与产品出口竞争力关系的相关假说。

第四节为环境规制影响产品出口竞争力的实证分析。首先，测算本章涉及到的两个关键指标——环境污染强度和环境规制强度，并以环境污染强度为基础将制造业进一步分为重度污染产业和轻度污染产业。其次，以2007—2015年中国26个制造产业的面板数据为样本，基于扩展的HOV模型，采用系统GMM方法实证检验环境规制强度对中国产业出口竞争力的影响。此外，进行分行业回归分析，考察环境规制的异质性影响。

第五节为主要结论及政策建议。根据前文理论分析和实证检验得出相应的结论，有针对性地提出合理的政策建议，以期实现环境保护和出口竞争力提升的双赢。

四 研究方法

本章主要采用了以下两种研究方法：

一是文献研究法。本章围绕研究主题，广泛搜集、查阅国内外相关文献，通过对文献的研究，梳理现有文献主要的研究内容及研究方法，总结现有文献的研究成果，发现研究方向，并形成本章的研究思路。

二是定性分析与定量分析相结合。本章首先界定了环境规制和出口竞争力的概念，对事物性质给出描述性解释。同时，通过构建指数，进行计算，得出环境污染强度、环境规制强度和出口竞争力定量数据。进一步通过构建计量模型，对搜集、整理的数据进行计量分析，得出研究结论。

第二节 文献综述

国外关于环境规制对国际贸易的影响研究始于20世纪70年代，早期研究受制于数据的严重缺失，较少进行实证分析，大多是从理论层面或统计分析层面研究环境规制对一国产品出口竞争力的影响。从90年代开始，随着环境规制体系开始建立和相关数据逐步丰富，学者纷纷采用定量的环境规制强度指标，并开始就环境规制对国际贸易的影响进行计量研究。国内有关环境规制对出口贸易的影响研究起步较晚，但也已有了大量的研究成果。国内外文献基于不同的研究方法和数据得出了环境规制抑制出口贸易、环境规制促进出口贸易和环境规制对出口贸易影响不确定三种有差别的结论。

一 关于环境规制对制造业出口竞争力负面影响的研究

国外早期研究主要是基于理论模型进行分析。其中，Pethig（1976）较早研究环境规制是否会影响一国在国际贸易中的比较优势。他把环境污染看作是生产的附加产品，重新运用李嘉图的贸易模型进行分析。他认为在其他条件不变的前提下，环境规制差异决定国家间的比较优势，从而影响一国的贸易模式。一国实施环境规制政策会降低其污染产品在国际贸易中的比较优势，不利于该种产品的出口。Baumol（1988）也认为环境规制对一国产业的比较优势有负向效应。他构建了两国家开放经济模型，在该模型中两国生产相同的产品且都产生污染，但环境规制水平不同。研究发现，相对于没有实施环境规制的国家而言，实施环境规制国家的污染产业的比较优势下降。Low 和 Yeats（1992）观察了不同国家污染密集型产品的出口份额变动，并以此作为依据评价环境规制对产业出口竞争力的影响。他们发现环境规制水平较高的国家的污染密集型产品在国际贸易市场上的出口份额呈下降趋势，与此相反，较少实施环境规制政策的国家其污染密集型产品的出口份额在上升。

随着相关数据逐渐丰富，学者开始构建计量模型，进行实证分析，并得出环境规制对出口竞争力有负面影响的结论。Cole 等（2005）首次使用产业层面的数据检验环境规制对出口贸易的影响。他们选取了美国 1978—1994 年 18 个产业的数据作为样本，通过实证分析发现：在不控制环境规制强度内生性的前提下，美国的重度污染产业专业化程度并未下降，环境规制对产品出口竞争力的影响并不显著。但若控制环境规制的内生性，环境规制将抑制产品出口竞争力。Jug 和 Mirza（2010）修改了 Van Beers 和 Van den Bergh（1997）的贸易引力模型，以欧盟国家作为研究对象分析环境规制对出口贸易的影响。他们引入新的环境规制变量，使用欧盟 12 个国家的污染减排成本和总货币支出衡量环境规制强度，在考虑内生性问题后发现欧盟国家实施环境规制政策不利于其产品出口。Cole 等（2010）用日本 1989—2003 年 41 个产业的数据考察环境规制的影响。发现若控制内生性，环境规制是影响日本从其他国家进口的决定性因素，这一结果也再一次验证了环境规制政策对产业出口竞争力有负面影响，会通过改变产业的比较优势影响一国的贸易模式。Geeenstone 等（2012）选取美国 1972—1993 年制造企业数据进行实证分析发现环境规制对企业竞争力产生负面影响。Hering 和 Poncet（2014）选取了中国 256 个城市的出口数据分析环境规制对出口贸易的影响，发现环境规制强度和出口量呈负相关关系，环境规制强度趋紧会使出口量有一定的下降。

国内关于环境规制影响出口竞争力的研究主要是采用面板数据进

行实证检验，也同样得出了环境规制抑制出口竞争力的结论。周力、朱莉莉和应瑞瑶（2010）选取中国1992—2006年34个工业行业为面板数据，通过建立联立方程模型并进行情景模拟实证分析环境规制对贸易比较优势的影响。结果表明环境规制通过技术效应、结构效应和规模效应这三种传导路径影响中国产业的出口贸易竞争优势，且这种影响的效应是负向的。张亚斌和唐卫（2011）以中国6个出口大省2000—2009年的面板数据为样本，通过回归发现环境规制对6省出口贸易有负面影响，短期内提升环境规制水平不利于出口贸易。任力和黄崇杰（2015）不仅关注中国国内环境规制强度对出口贸易的影响，而且分析了贸易伙伴国家实施环境规制政策对中国出口贸易的影响。通过扩展的引力模型对包括中国在内的37个国家的出口数据进行研究，得出中国的环境规制强度对出口贸易具有负面影响。进一步发现贸易伙伴国家的环境规制水平也与中国的出口贸易呈负相关关系，说明其通过环境规制设立的绿色壁垒也阻碍了中国的出口贸易。

二 关于环境规制对制造业出口竞争力正面影响的研究

部分国内外学者研究认为环境规制对出口竞争力有正面影响。其中，有学者从理论层面进行分析。Porter和Van der Linde（1995）在环境规制研究方向上提出了开创性的观点即"波特假说"。他们认为适当的环境规制可以激励企业追求创新和技术进步，这种"创新补偿"效应使得企业可以补偿部分或全部由环境规制带来的额外生产成本。长期来看，一国实施环境规制可以使相关产业在国际贸易中获得比较优势。Frankel（2005）则从环境质量需求的角度进行分析。他指出随着人们对环境质量要求的提高，对清洁产品的需求会大幅度增加，污染密集型产品所占比例则会逐渐减少。若消费者更青睐于清洁商品，那么首先进行清洁技术创新的国家将会在未来的全球竞争中获得比较优势。

也有学者多采用国家层面的数据或产业层面的数据进行实证分

析，认为环境规制可以提升出口竞争力。Costantini 和 Francesco（2008）分析了实施环境规制政策对能源技术产业的影响。他们选取20 个出口国家、148 个进口国家的面板数据作为分析样本，运用贸易引力模型对环境规制是否影响能源技术产业出口进行实证分析。结果表明严格的环境规制政策有利于促进能源技术产业的出口贸易。

陆旸（2009）较早开始进行环境规制对出口贸易影响的实证研究。他选取了包括中国在内 95 个国家 2005 年的数据，采用 HOV 模型进行实证分析。他认为政府通过降低环境规制水平进而在国际贸易中获取比较优势的方式是不可行的，而对污染产业进行适度的环境规制反而有助于提高其出口竞争优势。

李小平、卢现祥和陶小琴（2012）借鉴 Cole 等（2005）的模型，利用中国 1998—2008 年 30 个工业行业的数据分析环境规制强度对贸易比较优势的影响。研究认为"波特效应"在中国工业行业有所体现，合适的环境规制会提升工业行业的出口竞争力。

傅京燕和赵春梅（2014）基于扩展的引力模型分析 2002—2010 年中国与其他 18 个贸易国家的产业数据，利用固定效应向量分解法研究发现适度的环境规制水平对 5 类污染密集产业的出口贸易比较优势有显著正效应，有利于形成长期行业出口竞争力。

卜茂亮、李双和张三峰（2017）选用中国 2006—2010 年时间、地区和行业三维数据，通过建立多维计量模型分析环境规制对制造行业出口贸易的影响。结果表明环境规制可以激励行业进行技术创新，有利于行业出口。进一步区分清洁行业和污染密集行业，发现环境规制对清洁行业的出口促进作用更为显著，而对污染密集行业无明显影响。

部分学者采用企业数据进行研究，并同样得出环境规制提升出口竞争力的结论。申萌（2015）关注"千家企业节能行动"这一具体环境规制政策对相关企业出口的影响。结合倾向得分匹配法和双重差分法对相关出口企业进行分析，发现该项具体的环境政策可以促进相关企业的出口，环境保护和企业出口竞争力可以实现双赢。

三　关于环境规制对制造业出口竞争力影响不确定的研究

部分学者分析环境规制对环境敏感产业出口的影响，发现实施环境规制政策对重污染产业出口的影响不显著。Tobey（1990）较早引入环境资源作为新的生产要素建立 HOV 模型，并采用了 Walter 和 Ugelow（1979）的定性环境规制指标考察环境规制对国际贸易模式的影响。以低等收入、中等收入和高等收入 3 类 58 个国家的数据作为样本进行 OLS 回归发现：严格的环境规制对重度污染产业的出口影响并不显著。他认为原因在于环境规制带来的额外成本在生产成本中占比极小，不足以对其产生明显影响。

Van Beers 和 Van den Bergh（1997）则使用引力模型分析环境规制对重度污染产业进出口的影响，发现严格的环境规制水平不会影响污染产业整体的出口水平。但进一步将污染产业划分为资源基础型产业和非资源基础型产业进行分析发现，环境规制对前者没有影响，但对后者有显著负向影响。这给出了环境规制无法对贸易模式产生显著影响的又一解释：由要素禀赋差异引起的比较优势超过了环境规制带来的影响，此时环境规制不会改变产业的出口和贸易模式。

Xu（1999）选取了环境敏感型产品出口额占比较高的 34 个国家 1965—1995 年的数据，通过比较研究期间的显示性比较优势指数（RAC）发现，大部分国家环境敏感型产品的出口并未受到 20 世纪 70 年代以来日益趋紧的环境规制政策的影响，他认为环境规制水平并不是产业出口竞争力的决定性因素。

Cole 和 Elliott（2003）借鉴 Tobey（1990）的 HOV 模型，采用 60 个国家 1995 年的截面数据作为样本，研究环境规制对污染产业比较优势的影响。他们发现钢铁行业、化工行业等资本密集型产业和金属行业、造纸行业等资源密集型产业即使面临严格的环境规制也没有发生转移。相较于要素禀赋，环境规制很难影响产业的比较优势。

也有学者认为环境规制对出口竞争力的影响不是单一的，而是"U"形或倒"U"形。傅京燕和李丽莎（2010）同样基于 HOV 模型进行分析，通过构建三类比较优势指标和环境规制强度指标对中国24 个制造产业 1996—2004 年面板数据进行描述性分析和计量分析。结果发现环境规制水平会影响中国产业的比较优势进而影响产业出口竞争力，这种影响呈"U"形。在拐点前环境规制会对产业出口竞争力产生不利影响，而跨过拐点后情况相反。

章秀琴和张敏新（2012）将环境规制变量区分为内生环境规制变量和外生环境规制变量，采用固定效应变截距模型分别分析两类环境规制变量对中国六类环境敏感型产品的出口竞争力的影响，结果表明环境规制与污染密集型产品的出口贸易呈倒"U"形。

杜运苏（2014）选取 2004—2010 年 26 个制造行业的数据作为样本，采用 HOV 模型分析环境规制对中国制造业出口竞争力的影响。结果表明中国环境规制强度和制造业出口竞争力呈"U"形关系。进一步进行分位数回归发现实施环境规制政策对污染产业的负面影响更大，对轻度污染产业的冲击不大。

余娟娟（2015）用固定效应模型和系统 GMM 估计方法实证检验了中国 1995—2012 年 27 个工业行业环境规制强度对行业出口技术复杂度的影响，研究发现二者之间表现为先抑制后促进的"U"形特征。长期来看，适度的环境规制强度通过倒逼行业进行技术创新提升行业出口技术复杂度，进而有利于提升中国出口贸易竞争优势。

廖涵和谢靖（2017）以 2000—2011 年中国制造业 14 个行业的面板数据作为样本，采用动态矩估计的方法分析环境规制对中国制造业贸易的影响。研究发现环境规制对制造业贸易的比较优势的影响呈现先抑制后促进的"U"形。当环境规制强度跨过拐点时，其带来的技术创新效应较为显著，有利于制造业在国际贸易中比较优势的提升。

四 文献述评

结合国内外相关文献进行分析，可以发现目前国内外学者对环境规制影响出口贸易的研究尚无统一定论，这主要是由研究选择的时间、数据、指标、方法等差异造成的，本章重点关注研究方法。当前主要采用以下三种分析方法。

第一种方法为描述性分析。在研究早期，受制于数据的可获得性，基本都采用此类方法。一般采用定性指标或简单的定量指标来衡量环境规制强度，并基于此分析环境规制对贸易模式或产业出口竞争力的影响。主要有纵向分析和横向分析两种。纵向分析一般是以某一国家或区域实施环境规制政策的时间为节点划分前后时间段，并分析两个时间段里贸易的变化；横向分析一般涉及国别比较，在测算出不同国家的环境规制强度后，比较不同的环境规制强度是否会对贸易产生影响。

第二种方法为投入产出法。Leontief 和 Ford（1972）首先提出了基于投入产出表分析环境和经济的关系。在传统的投入产出模型中加入环境要素作为纵向投入，同时加入环境支付成本作为横向产出。通过估算一国进出口贸易产业的污染治理成本并进行国别比较，可以分析出环境规制对产品进出口的影响。

第三种方法为实证分析，也是应用最广泛的方法。实证分析中所用的计量模型主要是基于 HOV 模型或者引力模型构建的。HOV 模型由传统贸易理论赫克歇尔－俄林理论（要素禀赋理论）改进而来，把环境要素看做影响一国产业贸易比较优势的重要因素，进而分析环境规制对产业比较优势的影响。Tobey（1990）、Cole 和 Elliott（2003）、陆旸（2009）、傅京燕和李丽莎（2010）、李小平和卢现祥（2012）等都采用 HOV 模型分析环境规制对产业出口竞争力及国际贸易的影响。

另一应用广泛的模型为贸易引力模型，其综合考虑某一国家和其贸易伙伴国家的贸易情况，从多边贸易的角度出发，并将环境规制作为贸易阻力分析其对出口贸易流量的影响。Jug 和 Mirza（2005）、Van Beers 和 Van den Bergh（1997）、章秀琴和张敏新（2012）、傅京燕和赵春梅（2014）、任力和黄崇杰（2015）等都在贸易引力模型的基础上引入环境规制强度指标并分析其对一国出口贸易流量的影响。

第三节　环境规制对制造业出口竞争力的影响机制及理论假说

关于环境规制对出口竞争力的影响研究，"遵循成本效应"和"技术创新效应"给出截然相反的结论。本章将两种影响路径结合起来，以企业这一微观主体作为分析对象，研究环境规制对出口竞争力的综合影响。借鉴 Chen（2017）的思路，通过建立出口企业两部门生产模型来具体分析环境规制对企业出口行为的影响。

假设某一出口企业分别有生产部门和研发部门，生产部门负责资源配置和产品生产，研发部门则负责技术升级和生产率提升。θ 表示环境规制，θ_1 和 θ_2 分别表示对生产部门和研发部门的环境规制。R 表示企业经济产出，R_1 是由生产部门带来的产出，R_2 则是由研发部门带来的产出，$R = R_1 + R_2$。生产部门和研发部门的成本函数分别表示为 $C_1(R_1, \theta_1)$ 和 $C_2(R_2, \theta_2)$，企业整体的市场收益也是 R 的函数，表示为 $G(R)$。假设成本函数二阶可导且边际成本递增，收益函数二阶可导且边际收益递减。假设环境规制对研发部门的影响会传递到生产部门，即研发具有外溢效应，但对生产部门实施的环境规制政策不影响研发部门，则有 $\dfrac{\partial R_1}{\partial \theta_2} \neq 0$，$\dfrac{\partial R_2}{\partial \theta_1} = 0$。

企业的利润最大化公式如下：

（1）$Max\, G(R) - [C_1(R_1, \theta_1) + C_2(R_2, \theta_2)]$

由利润最大化条件，对 R 求一阶导可得

（2）$G'(R) = C_1'(R_1, \theta_1)$

（3）$G'(R) = C_2'(R2, \theta_2)$

将式（2）对 θ_1 求二阶导可得：

（4）$G^{''}(R_1 + R_2) * \dfrac{\partial R_1}{\partial \theta_1} = C_1^{''}(R_1, \theta_1) * \dfrac{\partial R_1}{\partial \theta_1} + \dfrac{\partial C_1^{'}(R_1, \theta_1)}{\partial \theta_1}$

将式（2）对 θ_2 求二阶导可得：

（5）$G^{''}(R_1 + R_2)(\dfrac{\partial R_1}{\partial \theta_2} + \dfrac{\partial R_2}{\partial \theta_2}) = C_1^{''}(R_1, \theta_1) * \dfrac{\partial R_1}{\partial \theta_2}$

由式（4）可以直接得出 $\dfrac{\partial R_1}{\partial \theta_1} < 0$（结论1）

由结论1可知：环境规制对出口企业生产有负面影响。面临环境规制政策，企业必须通过购买先进的污染处理设备或者缴纳环境税、购买排污权等方式控制污染，以满足政府排放标准。而企业的可利用资源是有限的，实施环境规制政策实际上为企业既有的生产活动加入新的约束条件。若其他条件不变，由环境规制导致的额外的环境成本将直接影响其他生产要素的投入，进而抑制企业产出的增长，不利于企业再生产和出口。

将式（3）对 θ_2 求二阶导可得：

（6）$G^{''}(R_1 + R_2)(\dfrac{\partial R_1}{\partial \theta_2} + \dfrac{\partial R_2}{\partial \theta_2}) = C_2^{''}(R_2, \theta_2) * \dfrac{\partial R_2}{\partial \theta_2} + \dfrac{\partial C_2^{'}(R_2, \theta_2)}{\partial \theta_2}$

由成本函数和收益函数的性质易知 $G^{''} < 0, C^{'} < 0, C^{''} > 0$

为便于后续计算以及结果直观，对部分符号简化处理如下：

令 $G^{''}(R_1 + R_2) = s, C_1^{''}(R_1, \theta_1) = m, C_2^{''}(R_2, \theta_2) = n, \dfrac{\partial C_2^{'}(R_2, \theta_2)}{\partial \theta_2}$

$= t$

其中 $s < 0, m、n、t > 0$，则式（5）和（6）可分别简化为：

$s(\dfrac{\partial R_1}{\partial \theta_2} + \dfrac{\partial R_2}{\partial \theta_2}) = m * \dfrac{\partial R_1}{\partial \theta_2}$

$s(\dfrac{\partial R_1}{\partial \theta_2} + \dfrac{\partial R_2}{\partial \theta_2}) = n * \dfrac{\partial R_2}{\partial \theta_2} + t$

易得 $\dfrac{\partial R_1}{\partial \theta_2} = \dfrac{st}{sn + sm - mn}, \dfrac{\partial R_2}{\partial \theta_2} = \dfrac{m - s}{s} \dfrac{\partial R_1}{\partial \theta_2}$

即有 $\dfrac{\partial R_1}{\partial \theta_2} > 0$，$\dfrac{\partial R_2}{\partial \theta_2} < 0$（结论 2）

由结论 2 可知：实施环境规制政策促使出口企业加大绿色研发投入，通过进行技术创新来改进生产流程并降低污染排放。但环境技术创新需要巨额资金投入，企业在环境技术上的创新投入短期看将增加研发成本，抑制研发部门绩效。但技术创新具有外溢性，由环境规制诱发的技术创新会直接传递到企业的生产过程中。企业进行研发创新，采用更为先进的生产技术，可以提升企业资源利用效率和生产效率，降低能耗和环境污染。同时技术创新有利于企业产品更新和质量升级，有利于提升企业的生产绩效和出口竞争力。

通过上述分析可知，环境规制对出口贸易的影响并不能简单确定，其对出口企业经济绩效的影响分两部分。首先如"遵循成本效应"给出的结论，环境规制增加企业成本，削弱比较优势，不利于提升出口竞争力。环境规制一方面增加了企业生产过程中的成本，抑制企业出口竞争力。另一方面企业在环境方面的研发投入，也会挤占其他有效投资，使企业发展面临高风险和不确定性。环境规制的抑制作用表现为：

$$\frac{\partial R_1}{\partial \theta_1} + \frac{\partial R_2}{\partial \theta_2} < 0$$

同时，"波特假说"的结论也得到部分验证，环境规制对出口企业生产也有正向的作用。环境规制可以倒逼企业进行技术创新，并产生创新外溢和补偿效应。企业通过技术创新更新设备和技术，改善生产流程，提升生产效率和价值，进而对企业生产和出口产生积极影响。环境规制的促进作用表现为：

$$\frac{\partial R_1}{\partial \theta_2} > 0$$

环境规制对出口企业产出总体的影响为：

$$W = \frac{\partial R_1}{\partial \theta_1} + \frac{\partial R_2}{\partial \theta_2} + \frac{\partial R_1}{\partial \theta_2}$$

由上述分析可知，在两种影响机制的共同作用下，环境规制对出口企业生产的影响应该是不确定的。从短期来看，环境规制实施初期的成本增加较少，环境规制所带来的成本上升在企业可控制范围内，对企业生产不会产生较大影响，企业没有足够动力进行技术创新。面对环境规制政策，企业通过购买治污设备、缴纳环境税或购买排污权等方式来适应环境规制标准。此时环境规制必然增加企业生产成本，环境规制的"成本效应"对企业出口产生消极作用，不利于企业出口竞争力的提升。但长期来看，随着经济发展和生活水平上升，人们的环保意识和绿色生活意识也会逐步提升，此时环境规制强度必然也日益趋紧。企业面临持续增长的污染治理成本，将会难以负担，会转而加大研发投入、寻求绿色技术创新来降低污染排放。技术创新在部分或全部抵消遵循成本的同时也会提升企业的生产力和出口竞争力（Porter 和 Van der Linde，1995）。据此，本章提出假说1：

假说1：环境规制对中国制造产业出口竞争力的影响呈"U"形。

同时，中国制造产业特点各异，发展不平衡，对环境的污染和破坏程度也不尽相同，环境规制政策的制定和实施必然呈现出行业异质性。如前文所述，环境规制主要是通过遵循成本效应和技术创新效应对中国出口竞争力产生影响，而影响的大小和方向则受产业的要素投入结构的约束。对于固定资产投资比重较大的产业来说，其重置成本较高，进行技术创新，更换新设备和生产工艺的代价较高。因此该类产业对环境规制政策的容忍度较高，更倾向于主动承担环境成本，环境规制的遵循成本效应较强。对于固定资产投资所占比重较小的产业来说，其进行技术调整的成本较低。该类产业更倾向于通过技术创新降低污染排放以应对其面临的环境规制政策，此时环境规制政策发挥的技术创新效应较强。

一般来说，重度污染产业固定资产投资比重较大，通过技术改进进行产业升级的成本较高，因此，其对环境规制的容忍程度也较高。

当环境规制水平较低时,重度污染产业为保证生产达标,一般选择购买污染治理设备或缴纳污染税费,由此形成环境成本。但从长期来看,环境规制成本的上升会对企业的生产要素投入和研发投入产生"挤出效应",不利于产业出口竞争力的提升。随着环境规制强度的不断增加和市场竞争力的下降,重度污染产业将难以承受环境规制带来的额外成本转而进行技术创新。产业通过增加研发投入改善生产流程,提升技术水平,在降低污染排放的同时提高了产品质量和生产效率。在这种策略下,环境规制的技术创新效应占主导,环境规制可以促进产业出口竞争力的上升。

轻度污染产业一般固定资产投资比重较小,其固定资产投入约为重度污染产业的四分之一(童健,2016)。轻度污染产业内部固定资产投入较低,实施技术改进成本较低,进行技术创新的意愿较强。在环境规制水平较低时,轻度污染产业中的企业就会倾向于选择通过增加研发投入改进生产流程,降低生产过程中污染物的排放,进而规避增加的环境规制成本。当环境规制政策更为严格时,轻度污染产业则面临产业转型升级带来的竞争压力,同时为了争取政府对产业的持续补贴和优惠政策,轻度污染产业仍有进行技术创新的动力,环境规制政策的技术创新激励作用依旧明显。

综上,环境规制对产业发展存在遵循成本效应和技术创新效应双重作用,产业间固定资产比重的差别使得环境规制的影响存在行业异质性。就重度污染产业而言,环境规制水平较低的时期,遵循成本效应强于技术创新效应,环境规制降低产业经济产出,提升产业生产成本,对产业出口竞争力有负面影响;随着环境规制水平加强,技术创新效应强于遵循成本效应,产业整体产品质量和生产率上升,产业出口竞争力增强。就轻度污染产业来说,环境规制政策对其的技术创新效应始终强于遵循成本效应,环境规制政策对产业出口竞争力有积极影响。并且随着环境规制水平的上升,环境技术创新的激励效应增强。据此,本章提出假说2:

假说 2：环境规制对重度污染产业出口竞争力的影响呈"U"形，对轻度污染产业出口竞争力的影响则呈现线性上升的特征。

第四节 环境规制影响制造业出口
竞争力的实证分析

一 制造业分类及相关指标测算

（一）产业出口竞争力测算

测算产业出口竞争力的指标大致分三类：结果评价指标、比较优势指标和相关评价指标。结果评价指标侧重从贸易结果的角度衡量产业出口竞争力，主要指标有国际市场的占有率、市场份额和利润率等。比较优势指标是衡量产业出口竞争力最常用的指标，主要包括显示性比较优势指数（RCA）、净出口指数、贸易专业化系数和Michaely 指数等。相关评价指标选取能显著影响产业出口竞争力的解释性指标作为代理指标，包括劳动生产率、价格成本和劳动密集指数等。本章采用同时考虑进口额和出口额的 Michaely 指数作为比较优势指标，衡量产业在国际贸易中的竞争力。

Michaely 指数（Michaely，1962）的计算公式为：

$$MI\,C_{it} = \frac{X_{it}}{\sum_i X_{it}} - \frac{M_{it}}{\sum_i M_{it}}$$

公式中的 X_{it} 和 M_{it} 分别代表 t 时期 i 产业的出口额和进口额。Michaely 指数考察产业出口贸易额和进口贸易额占全国比重的差值，取值介于 -1 和 1 之间。数值越接近 1，表示一国在该产业的生产上更具有专业化优势，在国际贸易中更易形成出口竞争力。

（二）污染强度测算

制造业内部各产业发展特点各异，对环境的污染强度不同，面临的环境规制强度也存在差别。因此有必要依据环境污染强度指标划分轻度污染产业和污染产业，考察环境规制的产业异质性。关于污染强度指标的选取和衡量，国内外文献主要遵循以下两种路径：

一是直接采用环境规制强度指标来衡量污染强度。有相关的经验研究发现环境规制强度和污染强度这二者有显著正向关系（Copeland 和 Taylor，2005），因此国内外文献中常见用环境规制强度指标作为污染强度指标。Tobey（1990）、陆旸（2009）、沈能（2012）等都使用减污成本（PAOC）这一指标来划分产业污染强度，减污成本较高的产业被认为是污染程度较高的产业，同时也是环境规制强度较高的产业。Chai（2002）、党玉婷（2007）等则用产业污染排放物之和与工业总产值的比值来测算污染强度，产业数值越大表示污染越严重。

二是以污染物排放量作为基础数据衡量产业环境污染程度。因不同类污染物不能直接进行加总，所以一般是对各类污染物排放量进行标准化处理后加权平均，构建综合性的污染强度指标来比较产业的污染强度。赵细康（2003）、傅京燕（2010）、沈能（2012）等都是采用此类方法，通过构建污染物排放量综合指标测算产业环境污染强度。

考虑到中国并未直接公布分产业减污成本和支出，同时不同类型的污染物排放量不适宜直接加总，本章借鉴第二种方法测量环境规制强度。产业生产活动排放的污染物主要有废气、废水和固体废弃物三大类，但这三类污染物的度量单位不同，无法直接加总，因此在计算出单位产值的污染排放后需要进行标准化处理，再经过等权重加权平均后求得产业污染强度。

计算不同产业不同类型污染物排放量和工业销售产值之比，即单位销售产值污染物排放量。

$$UE_{ij} = E_{ij}/TV_{ij}$$

其中 E_{ij} 和 TV_{ij} 分别为 i 产业 j 类污染物的排放量和工业销售产值。

借鉴 Kheder 和 Zugravu（2008）的方法，对数据进行标准化处理，得到无量纲的废气、废水和固体废弃物的污染排放指数，取值范围为 0 - 1。

$$UE_{ij}^s = \frac{UE_{ij} - Min(UE_j)}{Max(UE_j) - Min(UE_j)}$$

Min_j 和 Max_j 分别为 j 类污染物在所有产业中的最小值和最大值。

对上述三类污染物的污染排放指数进行加权平均,计算出不同年份分产业环境污染强度。

$$E_i = \sum_{j=1}^{3} UE_{ij}^s$$

对 2007—2015 年期间不同产业的污染强度求算术平均,最终可以得到产业在九年间的平均污染强度 $\overline{E_i}$。数值越大,表示该产业生产排放的污染物越多,对环境造成的污染和破坏越严重。

本章在参考其他文献的基础上基于所构建的污染强度指标对产业进行了分类,所得分类结果和 Taylor(2004)、傅京燕(2010)及李玲(2012)等的结果基本一致,具有一定的可信性。基于各产业平均污染强度由大到小排名如下:

表 7 - 1 　　　　　　　　　　**重度污染产业平均污染强度**

编号	产业	平均污染强度
S17	非金属矿物制品业	0.865
S9	造纸及纸制品业	0.778
S18	黑色金属冶炼及压延加工业	0.757
S12	石油加工、炼焦和核燃料加工业	0.419
S13	化学原料和化学制品制造业	0.401
S15	化学纤维制造业	0.385
S19	有色金属冶炼及压延加工业	0.383
S2	酒、饮料和精制茶制造业	0.217
S4	纺织业	0.159
S14	医药制造业	0.147
S1	食品制造业	0.128
S20	金属制品业	0.098

表 7 - 2   轻度污染产业平均污染强度

编号	产业	平均污染强度
S7	木材加工及木、竹、藤、棕、草制品业	0.072
S6	皮革、毛皮、羽毛及其制品和制鞋业	0.064
S26	仪器仪表制造业	0.047
S25	计算机、通信和其他电子设备制造业	0.045
S23	交通运输设备制造业	0.042
S16	橡胶和塑料制品业	0.040
S3	烟草制品业	0.033
S22	专用设备制造业	0.031
S21	通用设备制造业	0.030
S10	印刷和记录媒介复制业	0.027
S5	纺织服装、服饰业	0.022
S8	家具制造业	0.020
S24	电气机械及器材制造业	0.012
S11	文教、工美、体育和娱乐用品制造业	0.010

资料来源：由 2008—2016 年《中国环境统计年鉴》整理所得。

具体分析可知，重度污染产业主要是传统的重化工产业和资源密集型产业，包括金属及非金属加工、石油加工、化学工业、造纸业等公认的重度污染产业。这类产业的特点是资源消耗量大，且生产过程中污染严重，是典型的高消耗、高污染产业。轻度污染产业主要集中在高新技术产业和清洁产业，清洁产业的特性决定其生产具有低消耗、低污染的特点，对环境负面影响较小，而高新技术产业的技术附加值较高，对资源的利用率较高，对环境产生的破坏也比较轻。

对于污染程度各不相同的制造业各行业来说，环境规制所带来的影响也不同。轻度污染行业本身产生的污染较少，在轻度污染行业方面的环境规制强度普遍较低，一般轻度污染行业不会产生高额的环境成本。相较于污染程度较低的轻度污染行业，重度污染行业则需要更多资金和人力的投入，同时需要引进新技术或进行技术创新降低生产过程中的污染排放，从而达到规定的生产标准。

（三）环境规制强度测算

选取合适的指标衡量环境规制强度是相关研究的重点和难点，并且将直接影响后续实证研究的准确性。在环境规制强度指标的各层面构建中，产业层面环境规制强度的衡量因数据缺失又尤为困难。本章在参考现有文献的基础上，结合数据的可获得性，构建环境规制强度指标。

Mulatu 等（2001）把2001年前实证分析所用的环境规制强度指标归结为以下三类：定性描述指标、定量类指标和综合指数型指标。在尚未建立比较规范的环境规制体系前，由于相关数据缺乏，学者一般只能采用定性描述类的指标衡量环境规制强度。而随着环境规制体系的完善和数据的不断丰富，定量性指标和综合指数型指标开始逐步替代定性指标，成为衡量环境规制强度最常用的两类指标。

国内在进行实证分析时用于衡量产业层面环境规制强度的指标主要有：代理指标、投入型污染治理成本、产出型污染排放量和基于投入和产出数据构建的综合型指标。国内实证分析常用污染治理成本描述产业层面环境规制严格程度。张成等（2011）、李珊珊（2016）、余东华和孙婷（2017）以工业废水、工业废气污染治理设施当年运行费用总和与工业总产值的比值衡量环境规制强度。在用污染排放量衡量环境规制强度时，国内学者也普遍采用 SO_2 或 CO_2 排放量作为衡量指标。李小平和卢现祥（2010）用 CO_2 排放量测度环境规制水平，李强和聂锐（2010）、李怀政（2011）分别采用单位产值 SO_2 排放量和工业 SO_2 去除率衡量环境规制强度。

同时，也有许多学者使用综合指数型指标测量环境规制强度，国内一般选用产出型指标污染物排放量作为基础指标构建综合指数。肖红和郭丽娟（2006）采用污染排放量标准化数值构建产业环境保护强度指数；傅京燕和李丽莎（2010）基于废水、固体废物、烟尘、粉尘和 SO$_2$ 五类单项污染物排放达标率构建综合指数测算中国产业的环境规制强度。此外，还有少数学者选取代理变量作为外生环境规制强度的指标。陆旸（2009）、傅京燕（2010）使用人均 GDP 作为反映环境规制强度的指标，并分别分析环境规制对贸易比较优势和产业出口竞争力的影响。

区别于国家层面或地区层面环境规制强度的测算，产业层面环境规制的水平受制于经济主体行为的复杂性，依赖于经济主体对环境规制政策的响应及遵守效果。因此，在衡量产业层面环境规制强度时，广泛使用能体现受制主体行为意图的产业污染治理费用和污染排放量这两项指标，并通常以产出或成本为基础。单位产出或成本的污染治理费用侧重于经济主体控制污染的资金投入，但因污染治理费用占工业总产值的比重极小，该指标可能低估了行业环境规制强度。Eder-ington et al（2005）认为产业环保成本占比极小使得实证研究易得出环境规制对贸易影响不显著的结果，王勇和李建民（2015）从理论和实证两方面说明了单位产值的污染排放费用会低估产业环境规制强度。

环境规制的目的在于控制污染物的排放量，某一产业污染物排放量越大，污染治理投入就越多。衡量产业环境规制强度时，必须考虑污染排放量的大小。因此，本章借鉴李小平和李小克（2017）的做法，采用单位污染排放量的治理投入衡量产业环境规制强度。单位污染排放的污染治理投入越大，环境规制水平越高。与以产值或成本为基础测度的污染治理投入指标相比，以污染排放量为基础的污染治理投入更准确，充分考虑了环境规制政策的实施意图。环境规制强度指标的具体构建如下：

1. 计算各产业单位污染物排放量治理投入

$$ER_{ijt} = \frac{Cost_{ijt}}{Discharge_{ijt}}$$

其中，i 表示产业，j 表示污染物，t 表示时间。ER_{ijt} 代表对某一产业某一类污染物排放的环境规制强度，$Cos\,t_{ijt}$ 和 $Discharg\,e_{ijt}$ 分别代表 t 时期 i 产业 j 类污染物的污染治理投入和污染物排放量。

2. 标准化处理

$$E\,R_{ijt}^{s} = \frac{E\,R_{ijt}}{\sum_{i} E\,R_{ijt}}$$

为解决因不同种类污染物的度量单位不同而导致的不可相加性，需要对指标进行以上无量纲处理。$E\,R_{ijt}^{s}$ 是 t 时期 i 产业 j 类污染物的环境规制强度和同时期全部产业同类污染物的环境规制强度之比，处理后的环境规制强度变为无量纲数值，可以对其进行加总进而测算出分产业的环境规制强度。

3. 加总

$$E\,R_{it} = \sum_{j} E\,R_{ijt}^{s}$$

由于中国环境统计年鉴中未报告分产业固体废弃物设施运行费用，本章仅使用年鉴中给出的分产业废气设施运行费用与分产业废水运行费用表示污染治理投入。通过计算单位废水排放量的治理投入和单位废气排放量的治理投入衡量环境规制强度并进行加总，最终得到的分产业环境规制强度指标如上。

二　环境规制对制造业出口竞争力实证分析

（一）数据来源及处理

本章数据来源于 2007—2015 年的《中国工业统计年鉴》《中国环境统计年鉴》《中国科技统计年鉴》、联合国 UNCOMTRADE 数据库和中国国家统计局。考虑数据的可获得性和制造业在中国出口贸易中的重要地位，选择制造业层面的数据进行研究。本章进出口数据来自联合国 UNCOMTRADE 数据库，该数据库采用"国际贸易标准分类"（SITCRev. 4），而其他数据均来自中国的各类统计年鉴，其中涉及的产业分类均采用"国民经济产业分类"（GB/T4754—2011）。本章参考国家统计局给出的产业对接标准及盛斌（2002）的分类，建立产业对应关系。此外，考虑到国民经济产业分类于 2011 年进行修订，为保持统计口径一致，在对部分产业进行合并处理后[①]，最后保留 26 个制造业细分产业作为研究对象。最终确定的样本为 2007—2015 年间 26 个制造业面板数据。

(二) 变量选取及模型构建

本章借鉴 Cole 等 (2005) 的 HOV 模型，将环境规制强度视为影响一国产业比较优势的要素禀赋，实证分析环境规制水平对中国制造产业出口竞争力的影响。使用中国 2007—2015 年 26 个制造业的面板数据为样本，构建动态面板数据模型。根据前文分析，环境规制强度与产业出口竞争力之间可能存在非线性关系，因此在模型中加入环境规制强度指标的二次项检验环境规制与出口竞争力的非线性关系。此外，考虑到出口竞争力的变化存在惯性特征和路径依赖，在模型中加入产业出口竞争力指标的滞后一期。同时，引入人力资本、资本密集度、技术创新、外商直接投资指标作为控制变量，建立如下计量模型：

$$MI_{it} = \beta_0 + \beta_1 MI_{i,t-1} + \beta_2 ER_{it} + \beta_3 ER_{it}^2 + \varphi X + \delta_i + \varepsilon_{it}$$

其中，i 表示产业，t 表示年份。MI 表示产业出口竞争力，ER 表示环境规制强度，X 表示其他控制变量，δ_i 表示反映产业间个体差异的固定效应，ε 表示随机扰动项。此外，依据前文构建的环境污染强度指标进一步将制造业分为 12 个重度污染行业和 14 个轻度污染行业，考察环境规制强度对产业出口竞争力的异质性影响。

选取的变量及衡量指标具体如下：

1. 出口竞争力 (MI)

产业的出口竞争力是本章所构建模型的被解释变量。产业出口竞争力是一个抽象的概念，无法直接测量，相关研究一般选取比较优势指标来衡量产业出口竞争力 (傅京燕和李丽莎，2010；李小平等，2012)。常用的比较优势指标为显示性比较优势指数 (RCA)，但该

---

① 将塑料制品业与橡胶制品业合并为塑料橡胶制品业，将汽车制造业与铁路、船舶、航空航天和其他运输设备制造业合并为交通运输设备制造业。

指数只考虑出口贸易，忽视了进口贸易在测算出口竞争力时的重要性。本章选取同时考虑出口贸易和进口贸易的 Michaely 指数作为产业出口竞争力的衡量指标。

2. 环境规制（ER）

环境规制强度是本章实证研究核心解释变量，本章借鉴李小平和李小克（2017）的做法，采用单位污染排放治理支出指标衡量环境规制强度。环境规制一方面增加了产业的生产成本，对产业出口竞争力的影响产生负面效应；另一方面，适度的环境规制强度会倒逼产业进行技术创新和产品质量升级，从而对产业的出口升级产生正面影响。可见环境规制对产业出口竞争力的影响是遵循成本效应和技术创新效应二者的综合结果，总体的影响方向和时效性是不确定的，因此本章也加入环境规制的二次项观察环境规制对产业出口竞争力的非线性影响。

3. 人力资本（Human）

人力资本是指通过在教育培训、人力保健等方面的投资形成的资本，是影响产业出口竞争力的重要因素。一般认为人力资本水平越高，产业的出口竞争力越强。直接估计人力资本比较困难，国内外文献基本都采用代理变量来衡量人力资本。目前衡量人力资本的指标很多，常用的代理变量有受教育年限、受教育程度、工资水平、科技人员占比等。本章借鉴朱平芳和李磊（2006）的做法，采用产业科技活动人员占产业从业人数的比重来衡量人力资本。

4. 资本密集度（K）

根据要素禀赋理论，资本是影响一国产业比较优势的重要因素。物质资本强度和产业比较优势成正相关（Cole 等，2005），资本存量大表明该行业拥有更多机器设备，可以用更低的成本生产更多的产品。在实证分析中，一般用固定资产价值代表资本深化程度。而固定资产必须考虑折旧和磨损问题，扣除折旧后的固定资产净值才能比较正确地反映产业资本密集度。本章借鉴余东华和孙婷（2017）的做法，采用产业固定资产净值与产业从业人数的比值来表示，用人均物质资本来衡量产业资本禀赋。

5. 技术创新（RD）

技术研发和创新是形成产业出口竞争力的重要部分，一般认为技术创新对产业出口升级有显著正向作用。技术创新有利于提高企业的全要素生产率，促进产品质量提升和产业升级，进而提升产业出口竞争力。研发投入是进行技术创新活动的直接投入，是较为常用的衡量技术创新的投入指标。研发投入越多，技术创新的意愿越强，获取竞争优势的可能性就越大。本章借鉴傅京燕和李丽莎（2010）的做法，用科技活动经费内部支出衡量产业的技术创新能力。

6. 外商直接投资（FDI）

现有研究认为，东道国吸引外国企业在本国投资，可以发挥先进技术外溢和学习效应，促进本国产品升级和出口。中国尚未直接统计分行业 FDI 数据，学者一般选用不同的代理指标如各行业 FDI 企业工业总产值占规模以上工业企业总产值的比重（高敬峰，2008；唐林和杨正林，2009）、各行业 FDI 企业的固定资产原值占大中型工业企业固定资产净值年平均余额的比重（祝树金和张鹏辉，2013）等来衡量外商直接投资，其中 FDI 企业一般是指港澳台投资企业和外商投资企业。本章借鉴余东华（2017）的做法，用港澳台资本和外商资本之和占总实收资本的比重代表外商直接投资力度。

表 7-3　　　　　　　主要变量描述性统计

指标	变量名称	样本量	均值	标准差	最小值	最大值
MI	Michaely 指数	234	2.56e-08	0.0476	-0.161	0.149
ER	环境规制	234	0.0769	0.0583	0.0164	0.694
Human	人力资本	234	0.0329	0.0225	0.00160	0.0990
K	资本密集度	234	21.37	17.65	1.409	102.4
RD	技术创新	234	6.023	0.591	4.606	7.207
FDI	外商直接投资	234	0.291	0.150	0.000549	0.764

（3）总体回归分析

在模型中引入被解释变量一阶滞后项会导致解释变量和误差项相关，本章运用系统广义矩估计（GMM）方法解决模型中可能存在的内生性问题。系统矩估计方法是动态面板模型较常用的估计方法，能较好地处理由引入被解释变量滞后项导致的模型的内生性问题，但在实证分析前需要通过二阶序列相关检验和过度识别约束检验。此外，本章对模型进行逐步回归以检验多重共线性问题。

表7-4　　　　　　　总体制造产业的估计结果

	模型 1	模型 2	模型 3
L. MI	0.954 ***	0.946 ***	0.938 ***
	(48.70)	(51.35)	(50.15)
ER	−0.018 ***	−0.011 ***	−0.010 ***
	(−2.94)	(−3.15)	(−3.13)
ER^2	0.065 **	0.057 **	0.052 ***
	(2.12)	(2.25)	(2.63)
K		−0.022 **	−0.021 **
		(−2.30)	(−2.14)
Human		0.054 *	0.036 *
		(2.67)	(2.96)
RD			0.083 **
			(2.36)
FDI			0.017 **
			(2.47)
_ cons	0.172 ***	0.126 ***	0.154 **
	(3.01)	(2.82)	(2.40)
样本量	208	208	208
AR（2）检验	0.137	0.197	0.178
Sargan 检验	0.657	0.678	0.671

注：（ ）内报告的是变量对应的 t 值，AR（2）检验和 Sargan 检验列示出的是 p 值，*、** 和 *** 分别表示在10%、5%和1%的显著性水平上显著。

分析表结果可知：①环境规制变量一次项和二次项系数在 1% 的水平上都显著且符号不相同，说明环境规制水平和产业出口竞争力之间并非单纯线性关系；②被解释变量的一阶滞后项前的系数显著为正，表明产业出口竞争力的形成和调整具有惯性特征，本章设定的动态面板模型具有合理性；③在 5% 的显著性水平下，AR（2）检验结果不显著，模型不存在二阶自相关。同时，Sargan 检验的结果表明模型总体矩估计条件成立，无法拒绝"过度识别约束是有效的"这一原假设，工具变量的选择是合理的。AR（2）检验和 Sargan 检验表明本章使用 GMM 方法估计模型的方法是可靠的。④在模型 1 的基础上逐步引入其他控制变量，对核心解释变量环境规制的符号和大小无显著影响，表明模型设置无严重的多重共线问题。

具体分析，环境规制的一次项系数显著为负，二次项系数显著为正，说明环境规制对产业出口竞争力的影响呈现"U"形关系，这验证了前文提出的假说 1。环境规制政策实施初期会对产业出口升级和竞争力提升产生负面影响；随着环境规制水平不断提升并跨过拐点后，实施环境规制政策将对产业出口竞争力的提升起到促进作用。这一实证结果恰好验证了前文提出的假说，即环境规制通过"遵循成本效应"和"技术创新效应"两种路径对产业出口竞争力产生影响，影响总体呈"U"形。

当环境规制水平较低时，企业为追求短期利润，相较于具有高风险和不确定性的创新活动，其更愿意承担较低的环境规制成本。企业的这一选择会对技术创新和投资产生挤出效应，进而抑制产业出口竞争力的提升。随着环境规制水平的持续上升，过高的污染治理成本无法保证企业的长远发展，企业更加重视技术创新，通过技术创新在减少污染排放的同时也促进产业升级和出口竞争力的提升。

由模型结果可以估算出拐点值约为 0.096，而 2015 年中国制造业整体面临的环境规制水平约为 0.078，当前环境规制强度仍位于拐点左侧，对产业出口竞争力的提升作用有限。中国自改革开放以来，始终将经济发展放在第一位置，在发展的过程中忽视了对环境的保护。近年来，随着环境问题日益严重，中国政府已经推出一系列环境规制措施，但仍处于探索和发展阶段，整体规制强度较低。

资本密集度 K 的系数在 5% 的水平上显著为负，说明人均资本存量的上升对中国产业出口竞争力的提升有负向作用，这一结论与傅京燕和李丽莎（2010）、施炳展等（2013）的研究结果一致。中国作为发展中国家，丰富的要素禀赋是劳动而非资本。中国出口长期依赖于国内的人口红利，国际竞争优势集中体现在劳动密集型产业。而随着经济的持续发展，虽然资本积累持续上升，但剩余劳动力供给趋于紧张，资本和劳动的最优的资源配置比例无法满足，中国产业出口竞争力随着资本的积累不升反降。

人力资本 Human 的估计系数在 10% 的水平上显著为正，说明高科技人员比重的上升能显著提升产业在国际上的竞争力。较高的人力资本水平一般意味着更高的人均受教育年限和受教育程度，表明员工的适应能力、调整能力和创新能力都较强。拥有丰富人力资本的产业对环境的适应能力和反应力也更强，当外部环境变化时，产业内部能迅速做出反应，进行技术调整和创新，进而提升产品质量和产业出口竞争力。

技术创新 RD 的回归系数在 5% 的水平上显著为正，说明技术创新对制造业出口竞争力提升有显著正向效应，这与大多数研究得出的结论一致。从长期看，一国制造产业很难仅凭借低成本优势在激烈的国际竞争中获取长久的优势地位，通过加大研发投入进行技术创新，可以更新先进设备，改进生产流程，提升产品创新水平，是一国提升产品质量，获取国际市场上出口竞争力的必经之路。

外商直接投资 FDI 的回归系数在 5% 的水平上显著为正，说明积极吸引外商直接投资有利于促进中国出口，提升制造业出口竞争力。在国内资本缺乏的时期，引进外资可以为产业发展提供必要资金支持。另外，外商直接投资往往附带先进的科学技术和管理技能，有助于促进接受国对现代科技及商业管理技术的吸收，同时也有助于接受国接触投资方所在国的市场，直接促进该国产业出口的增长和发展。

（4）分样本回归分析

前文基于行业异质性的角度考虑，提出实施环境规制政策对不同污染强度的产业影响不同，并提出假说2：环境规制对重度污染产业出口竞争力的影响呈"U"形，对轻度污染产业出口竞争力的影响则呈现线性上升的特征。为考察由行业异质性引起的实施环境规制政策的效果差异，本章对主要的26个制造行业进一步分类，依据前文构建的环境污染强度指标将总体样本分为重度污染行业和轻度污染行业两大类，分别对重度污染行业和轻度污染行业进行回归分析，进一步分析实施环境规制政策对制造行业出口竞争力的"U"形动态特征是否有变化。

表 7 - 5　　　　　　　　　　不同污染强度行业的估计结果

	模型 1	模型 2	模型 3	模型 4	模型 5	模型 6
	重度污染行业			轻度污染行业		
L. MI	0.416 ***	0.363 ***	0.584 ***	0.995 ***	0.873 ***	0.805 ***
	(28.72)	(25.34)	(32.10)	(32.83)	(38.48)	(42.50)
ER	− 0.118 **	− 0.107 ***	− 0.127 **	0.037 ***	0.051 ***	0.036 ***
	(− 2.07)	(− 2.78)	(− 2.45)	(2.74)	(2.65)	(2.87)
ER2	0.435 ***	0.371 **	0.594 ***	0.085 **	0.093 ***	0.078 **
	(2.82)	(2.09)	(2.93)	(2.12)	(2.58)	(2.13)
K		− 0.036 *	− 0.078 *		− 0.040 *	− 0.047 *
		(− 1.76)	(− 1.85)		(− 1.67)	(− 1.79)
Human		0.011 *	0.023 **		0.031 **	0.028 **
		(1.88)	(2.04)		(2.46)	(2.38)
RD			0.085 **			0.056 **
			(2.08)			(2.20)

续表

	模型1	模型2	模型3	模型4	模型5	模型6
	重度污染行业			轻度污染行业		
FDI			0.018 **			0.049 *
			(2.13)			(1.82)
_ cons	0.221 **	0.164 ***	0.233 ***	1.108 ***	0.984 ***	0.795 ***
	(2.48)	(2.67)	(2.64)	(2.67)	(3.20)	(2.85)
样本量	96	96	96	112	112	112
AR（2）检验	0.331	0.358	0.341	0.277	0.258	0.261
Sargan 检验	0.707	0.810	0.722	0.838	0.764	0.692

注：（　）内报告的是变量对应的 t 值，AR（2）检验和 Sargan 检验列示出的是 p 值，*、** 和 *** 分别表示在 10%、5% 和 1% 的显著性水平上显著。

　　模型 1 - 3 是对重度污染行业的回归结果，模型 4 - 6 是对轻度污染行业的回归结果。由估计结果可以看出，环境规制对产业出口竞争力的影响的确呈现出异质性特征。从重度污染行业的回归结果来看，环境规制的一次项回归系数为 - 0.127，在 5% 的水平上显著为负。二次项系数为 0.594，在 1% 的水平上显著为正。环境规制对重度污染行业出口竞争力的影响呈 "U" 形，拐点为 0.107，大于整体的拐点值 0.096。这一结果与本章的预期结果一致，重度污染行业一般为资源密集型行业和资本密集型行业，因固定资产的比重较大，对环境成本的接受和容忍程度较高，因此，其拐点值比整体水平高。但随着规制强度不断上升，行业内部必将 "优胜劣汰"，无法容忍环境规制成本同时也无力进行技术创新的企业只能退出，而剩余企业为实现长远发展，必须加大研发投入进行绿色技术创新。此时环境规制的技术创新效应将逐渐替代初期的遵循成本效应，实施环境规制政策有助于行业提升产品质量和出口竞争力，以适应国际市场日益激烈的竞争。

　　从轻度污染行业的回归结果来看，环境规制的一次项回归系数为 0.036，在 1% 的水平上显著为正，二次项的回归系数为 0.078，在

5%的水平上显著为正。环境规制对轻度污染行业出口竞争力的影响呈现线性递增关系，符合前文提出的假说。轻度污染企业一般为劳动密集型行业或高新技术行业，固定资产所占比重一般较小，其进行技术改进的代价较低。较低的环境规制的强度就可以促使产业进行技术改进，发挥技术创新的补偿效应。随着环境规制强度的提升，轻度污染产业进行技术升级转向清洁产业的动机进一步强化，环境规制对产业升级和竞争力的提升作用进一步增强。

其他控制变量分样本的回归结果和整体回归结果基本一致，回归系数符号相同。无论是重度污染行业还是轻度污染行业，被解释变量的一阶滞后项都显著为正，出口竞争力的惯性特征在不同的样本下表现依旧明显。资本密集度对重度污染行业和轻度污染行业的影响都显著为负，主要是因为中国目前的要素禀赋结构依然以资源密集型和劳动密集型为主，资本密集度高的产业偏离了目前最适技术结构，反而不利于形成出口竞争优势。人力资本、技术创新和外商直接投资对重度污染行业和轻度污染行业的回归系数都显著为正，表明通过提升员工整体知识水平、加大研发投入与利用外商先进技术这三种方式，都可以对产业出口竞争力提升产生积极影响。

第五节 结论与政策建议

一 主要结论

本章将遵循成本效应和技术创新效应结合到两部门生产模型中，综合分析了环境规制对中国制造业出口竞争力的影响机制。同时，利用中国制造业26个行业2007—2015年的数据，采用系统GMM分析方法，实证分析了环境规制对中国制造业整体出口竞争力的影响。并且，考虑行业的异质性，依据环境污染强度将制造业进一步分为重度污染行业和轻度污染行业，考察环境规制对产业出口竞争力的异质性影响。研究发现，中国环境规制对制造业总体出口竞争力的影响呈"U"形，前期环境规制带来的遵循成本效应表现明显，而随着规制水平上升并跨过拐点，环境规制的技术创新效应的作用开始增强，并促进产业升级和出口竞争力的提升。进一步分析发现环境规制效应的发挥的确表现出行业异质性，环境规制对重度污染行业的影响呈"U"形，而对轻度污染行业的影响呈线性递增关系。中国目前环境规制强度仍处在拐点左侧，在继续坚定地推进环境规制政策的同时，要考虑行业的差异性。

二　政策建议

随着全球工业化的迅速推进，环境污染和生态破坏已经成为严重威胁全人类生存的问题，降低污染、保护环境、实现经济的可持续发展成为全球共识。中国长期依赖低质低价的出口模式，在全球制造业价值链环节中处于底端，粗放型的出口模式使中国也面临严重的环境污染问题。环境污染不仅阻碍了经济的可持续发展，同时对人类的健康造成威胁。为实现环境和经济的协调发展，结合前文实证结论，本章有针对性地提出以下政策建议：

（一）坚定实施环境规制政策，发挥环境规制对出口竞争力的正向效应

当前中国生态环境保护已刻不容缓，以破坏生态环境为代价的发展模式已不可取，中国不能为了短期的贸易利益而忽视生态环境的脆弱性，忽视环境和经济的协调发展。适度的环境规制水平可以实现制造业的绿色发展和创新发展，在降低环境污染、保护生态环境的同时，推动产业技术升级和产品质量提升，加速培育中国制造业出口竞争力。在保障经济发展和出口形势稳定的前提下，应该适度提升环境规制政策的强度，倒逼产业进行技术创新和产业升级，在降低污染的同时也能提升产业的出口贸易竞争优势，实现保护环境和提升产业出口竞争力的"双赢"。

（二）制定有差异化的环境规制政策，避免"一刀切"

由实证结果来看，环境规制对重度污染行业和轻度污染行业的影

响是有区别的，如果环境规制政策一视同仁，不可避免将影响其实施效果。具体来看，重度污染行业对环境成本的接受程度较高，产业转型升级、实现清洁生产的难度较大，因此需要通过规定环境标准、限制排放等"命令型"政策工具，倒逼产业进行技术创新和产品质量升级。轻度污染行业对环境规制政策的接受度较高，适宜采取环境补贴、排污权交易等"激励型"政策工具，激励产业以高质清洁产品占领出口市场。制定和实施分层次的环境规制政策，能最大限度发挥环境规制对中国制造业出口竞争力的促进作用，形成环境规制和出口升级的良性互动。

（三）优化要素禀赋结构，提升资本的使用效率

环境规制的技术创新效应的发挥有赖于劳动与资本的相互配合。通过分析影响出口竞争力的其他要素可知，中国当前提升资本密集度对出口升级有负面影响，资本的利用效率并不是最优的。中国制造业在激烈的国际竞争中，不能只注重资本规模的扩张，更要关注资本的利用效率，关注资本和劳动、技术的融合。充足的资本有助于引进先进的生产设备和技术，有助于增加研发投入，开展自主创新，但更高的技术水平引致的产业出口升级也增加了对高技能劳动人才的需求。高质量人才的增长速度与资本的积累速度不一致，使得资本的效率无法完全发挥。通过提升资本的使用效率，提升人力资本存量，优化资本和劳动的配置结构，有利于要素和技术的融合，推动中国制造业出口贸易转型升级，提升中国制造业在全球分工体系中的地位。

参考文献

卜茂亮、李双、张三峰：《环境规制与出口：来自三维面板数据的证据》，《国际经贸探索》2017 年第 9 期。

陈丽珍、刘金焕：《FDI 对中国内资高技术产业技术创新能力的影响分析——基于创新过程的视角》，《南京财经大学学报》2015 年第 7 期。

陈诗一：《能源消耗，二氧化碳排放与中国工业的可持续发展》，《经济研究》2009 年第 4 期。

陈勇、李小平：《中国工业行业的面板数据构造及资本深化评估：1985—2003》，《数量经济技术经济研究》2006 年第 10 期。

陈媛媛：《行业环境管制对就业影响的经验研究：基于 25 个工业行业的实证分析》，《当代经济科学》2011 年第 3 期。

程都、李钢：《环境规制强度测算的现状及趋势》，《经济与管理研究》2017 年第 8 期。

崔丽：《新〈环境保护法〉背景下环境公益诉讼激励机制研究》，《生态经济》2015 年第 5 期。

崔亚飞、刘小川：《中国地方政府间环境污染治理策略的博弈分析——基于政府社会福利目》，《改革与发展》2009 年第 10 期。

单豪杰：《中国资本存量 K 的再估算：1952—2006》，《数量经济技术经济研究》2008 年第 10 期。

董敏杰、梁泳梅、李钢：《环境规制对中国出口竞争力的影响——基于投入产出表的分析》,《中国工业经济》2011 年第 3 期。

杜运苏:《环境规制影响中国制造业竞争力的实证研究》,《世界经济研究》2014 年第 12 期。

傅京燕:《产业特征,环境规制与大气污染排放的实证研究——以广东省制造业为例》,《中国人口资源与环境》2009 年第 2 期。

傅京燕、李丽莎:《环境规制、要素禀赋与产业国际竞争力的实证研究——基于中国制造业的面板数据》,《管理世界》2010 年第 10 期。

傅京燕、赵春梅:《环境规制会影响污染密集型行业出口贸易吗?——基于中国面板数据和贸易引力模型的分析》,《经济学家》2014 年第 2 期。

甘侁鑫、杨柳:《环境规制强度、技术进步与就业——基于 2004—2012 年数据的实证分析》,《经济研究参考》2015 年第 17 期。

龚海林:《环境规制促进产业结构优化升级绩效分析》,《财经理论与实现》2013 年第 9 期。

韩超、胡浩然:《节能减排、环境规制与技术进步融合路径选择》,《财经问题研究》2015 年第 7 期。

韩超、张伟广、郭启光:《环境规制实施的路径依赖——对中美环境规制形成与演化的比较分析》,《天津社会科学》2016 年第 1 期。

韩晶、陈超凡、冯科:《环境规制促进产业升级了吗?——基于产业技术复杂度的视角》,《北京师范大学学报》(社会科学版)2014 年第 1 期。

何劭玥:《党的十八大以来中国环境政策新发展探析》,《思想战线》2017 年第 1 期。

胡建辉:《高强度环境规制能促进产业结构升级吗?——基于环境规制分类视角的研究》,《环境经济研究》2016 年第 2 期。

黄德春、刘志彪:《环境规制与企业技术创新——基于波特假说的企业竞争优势构建》,《中国工业经济》2006 年第 3 期。

惠炜、赵国庆:《环境规制与污染避难所效应——基于中国省际数据的面板门槛回归分析》，《经济理论与经济管理》2017 年第 2 期。

季永杰、徐晋涛：《环境政策与企业生产技术效率——以造纸企业为例》，《北京林业大学学报》（社会科学版）2006 年第 2 期。

江珂：《环境规制对中国技术创新能力影响及区域差异分析——基于中国 1995—2007 年省际面板数据分析》，《中国科技论坛》2009 年第 10 期。

江珂：《我国环境规制的历史、制度演进及改进方向》，《改革与战略》2010 年第 6 期。

江炎骏、赵永亮：《环境规制、技术创新与经济增长——基于中国省级面板数据的研究》，《科技与经济》2014 年第 2 期。

蒋伏心、王竹君、白俊红：《环境规制对技术创新影响的双重效应——基于江苏制造业动态面板数据的实证研究》，《中国工业经济》2017 年第 7 期。

颉茂华、王瑾、刘冬梅：《环境规制、技术创新与企业经营绩效》，《南开管理评论》2014 年第 17 期。

解垩：《环境规制与中国工业生产率增长》，《产业经济研究》2008 年第 1 期。

金碚：《资源环境管制与工业竞争力关系的理论研究》，《中国工业经济》2009 年第 3 期。

孔祥利、毛毅：《中国环境规制与经济增长关系的区域差异分析——基于东、中、西部面板数据的实证研究》，《南京大学学报》2010 年第 1 期。

匡远凤、彭代彦：《中国环境生产效率与环境全要素生产率分析》，《经济研究》2012 年第 7 期。

李斌、彭星、陈柱华：《环境规制、FDI 与中国治污技术创新——基于省际动态面板数据的分析》，《财经研究》2011 年第 10 期。

李春米：《经济增长、环境规制与产业结构——基于陕西省环境库兹涅茨曲线的分析》，《兰州大学学报》（社会科学版）2010 年第

5 期。

李怀政：《环境规制、技术进步与出口贸易扩张——基于中国 28 个工业大类 VAR 模型的脉冲响应与方差分解》，《国际贸易问题》2011年第 12 期。

李玲、陶锋：《中国制造业最优环境规制强度的选择——基于绿色全要素生产率的视角》，《中国工业经济》2012 年第 5 期。

李梦洁、杜威剑：《环境规制与就业的双重红利适用于中国现阶段吗？——基于省级面板数据的经验分析》，《经济科学》2014 年第4 期。

李强：《环境分权与企业全要素生产率——基于中国制造业微观数据的分析》，《财经研究》2017 年第 3 期。

李强：《环境规制对产业结构调整的影响——基于 Baumol 模型的理论分析和实证分析》，《经济评论》2013 年第 5 期。

李强、聂锐：《环境规制与区域技术创新——基于中国省际面板数据的实证分析》，《中南财经政法大学学报》2009 年第 4 期。

李珊珊：《环境规制对就业技能结构的影响——基于工业行业动态面板数据的分析》，《中国人口科学》2016 年第 5 期。

李珊珊：《环境规制对异质性劳动力就业的影响——基于省级动态面板数据的分析》，《中国人口·资源与环境》2015 年第 8 期。

李胜兰、申晨、林沛娜：《环境规制与地区经济增长效应分析——基于中国省际面板数据的实证检验》，《财经论丛》2014 年第 6 期。

李树、陈刚：《环境管制与生产率增长——以 APPCL2000 的修订为例》，《经济研究》2013 年第 1 期。

李眺：《环境规制、服务业发展与我国的产业结构调整》，《经济管理》2013 年第 8 期。

李小平、李小克：《中国工业环境规制强度的行业差异及收敛性研究》，《中国人口·资源与环境》2017 年第 10 期。

李小平、卢现祥：《国际贸易、污染产业转移和中国工业 CO_2 排放》，

《经济研究》2010 年第 1 期。

李小平、卢现祥、陶小琴：《环境规制强度是否影响了中国工业行业的贸易比较优势》，《世界经济》2012 年第 4 期。

李永友、沈坤荣：《中国污染控制政策的减排效果——基于省际工业污染数据的实证分析》，《管理世界》2008 年第 7 期。

李玉楠、李廷：《环境规制、要素禀赋与出口贸易的动态关系——基于中国污染密集产业的动态面板数据》，《国际经贸探索》2012 年第 1 期。

廖涵、谢靖：《环境规制对中国制造业贸易比较优势的影响——基于出口增加值的视角》，《亚太经济》2017 年第 4 期。

刘和旺、郑世林、左文婷：《环境规制对企业全要素生产率的影响机制研究》，《科研管理》2016 年第 5 期。

刘伟明、唐东波：《环境规制、技术效率和全要素生产率增长》，《产业经济研究》2012 年第 5 期。

刘研华：《中国环境规制改革研究》，学位论文，辽宁大学，2007 年。

刘宗明：《投资冲击与劳动就业状态》，《南开经济研究》2011 年第 6 期。

陆旸：《环境规制影响了污染密集型商品的贸易比较优势吗?》，《经济研究》2009 年第 4 期。

陆旸：《中国的绿色政策与就业：存在双重红利吗?》，《经济研究》2011 年第 7 期。

罗燕、陶钰：《FDI 对东道国就业的影响》，《重庆理工大学学报》（社会科学版）2010 年第 3 期。

马富萍、郭晓川、茶娜：《环境规制对技术创新绩效影响的研究——基于资源型企业的实证检验》，《科学与科学技术管理》2011 年第 8 期。

马云泽：《规制经济学》，知识产权出版社 2009 年版。

聂普焱、黄利：《环境规制对全要素能源生产率的影响是否存在产业异质性?》,《产业经济研究》2013 年第 4 期。

潘峰、西宝、王琳:《环境规制中地方政府与中央政府的演化博弈分析》,《运筹与管理》2015 年第 3 期。

彭海珍、任荣明:《环境政策工具与企业竞争优势》,《中国工业经济》2003 年第 7 期。

屈小娥、席瑶:《资源环境双重规制下中国地区全要素生产率研究——基于 1996—2009 年的实证分析》,《商业经济与管理》2012 年第 5 期。

任力、黄崇杰:《国内外环境规制对中国出口贸易的影响》,《世界经济》2015 年第 5 期。

沈静、向澄、符文颖:《环境管制对珠江三角洲污染产业空间分布的影响研究》,《地理科学》2014 年第 6 期。

沈能:《环境效率、行业异质性与最优规制强度——中国工业行业面板数据的非线性检验》,《中国工业经济》2012 年第 3 期。

沈能、刘凤朝:《高强度的环境规制真能促进技术创新吗?——基于"波特假说"的再检验》,《科技与经济》2012 年第 4 期。

盛斌:《中国对外贸易政策的政治经济分析/当代经济学文库》,上海人民出版社 2002 年版。

施炳展、王有鑫、李坤望:《中国出口产品品质测度及其决定因素》,《世界经济》2013 年第 9 期。

宋华琳:《政府规制改革的成因与动力——以晚近中国药品安全规制为中心的观察》,《管理世界》2008 年第 8 期。

宋马林、王舒鸿:《环境规制、技术进步与经济增长》,《经济研究》2013 年第 3 期。

谭娟、陈晓春:《基于产业结构视角的政府环境规制对低碳经济影响分析》,《经济学家》2011 年第 10 期。

田银华、贺胜兵、胡石其:《环境约束下地区全要素生产率增长的再估算:1998—2008》,《中国工业经济》2011 年第 1 期。

童健、刘伟、薛景：《环境规制、要素投入结构与工业行业转型升级》，《经济研究》2016年第7期。

王兵、刘光天：《节能减排与中国绿色经济增长——基于全要素生产率的视角》，《中国工业经济》2015年第5期。

王兵、吴延瑞、颜鹏飞：《环境规制全要素生产率增长：基于APEC的实证研究》，《经济研究》2008年第5期。

王定祥等：《资源环境约束下全要素生产率增长研究进展与述评》，《西南大学学报》2015年第3期。

王国印、王动：《波特假说、环境规制与企业技术创新——对中东部地区的比较分析》，《中国软科学》2011年第1期。

王杰、刘斌：《环境规制与全要素生产率——基于中国工业企业数据的经验分析》，《中国工业经济》2014年第3期。

王书斌、徐盈之：《环境规制与雾霾脱钩效应——基于企业投资偏好的视角》，《中国工业经济》2015年第4期。

王勇、李建民：《环境规制强度衡量的主要方法、潜在问题及其修正》，《财经论丛》2015年第5期。

王勇、施美程、李建民：《环境规制对就业的影响——基于中国业行业面板数据的分析》，《中国人口科学》2013年第3期。

魏权龄：《评价相对有效性的DEA方法：运筹学的新领域》，中国人民大学出版社1988年版。

魏玮、毕超：《环境规制、区际产业转移与污染避难所效应——基于省级面板Poisson模型的实证分析》，《山西财经大学学报》2011年第8期。

肖红、郭丽娟：《中国环境保护对产业出口竞争力的影响分析》，《国际贸易问题》2006年第12期。

谢靖、廖涵：《技术创新视角下环境规制对出口质量的影响研究——基于制造业动态面板数据的实证分析》，《中国软科学》2017年第8期。

熊艳：《基于省际数据的环境规制与经济增长关系》，《中国人口·资源与环境》2015 年第 5 期。

徐彦坤、祁毓：《环境规制对企业生产率影响再评估及机制检验》，《财贸经济》2017 年第 6 期。

许冬兰、董博：《环境规制对技术效率和生产力损失的影响分析》，《中国人口·资源与环境》2009 年第 6 期。

闫文娟、郭树龙：《环境规制、产业结构升级与就业效应：线性还是非线性?》，《经济科学》2012 年第 6 期。

闫文娟、郭树龙：《中国环境规制如何影响了就业——基于中介效应模型的实证研究》，《财经论丛》2016 年第 10 期。

杨海生、贾佳、周永章：《不确定条件下环境政策的时机选择》，《数量经济技术经济研究》2006 年第 1 期。

杨涛：《环境规制对中国 FDI 影响的实证分析》，《世界经济研究》2003 年第 5 期。

殷宝庆：《环境规制与中国制造业绿色全要素生产率——基于国际垂直专业化视角的实证》，《中国人口·资源与环境》2012 年第 12 期。

于文超：《公众诉求、政府干预与环境治理效率——基于省级面板数据的实证分析》，《云南财经大学学报》2015 年第 5 期。

余东华、孙婷：《环境规制、技能溢价与制造业出口竞争力》，《中国工业经济》2017 年第 5 期。

余娟娟：《环境规制对行业出口技术复杂度的调整效应》，《中国人口·资源与环境》2015 年第 8 期。

原毅军、刘柳：《环境规制与经济增长：基于经济型规制分类的研究》，《经济评论》2013 年第 1 期。

原毅军、谢荣辉：《环境规制的产业结构调整效应研究——基于中国省际面板数据的实证检验》，《中国工业经济》2014 年第 8 期。

臧旭恒、赵明亮：《垂直专业化分工与劳动力市场就业结构——基于中国工业行业面板数据的分析》，《中国工业经济》2011 年第 6 期。

张成、郭炳南、于同申：《污染异质性、最优环境规制强度与生产技术进步》，《科研管理》2015 年第 3 期。

张成、陆旸、郭路、于同申：《环境规制强度和生产技术进步》，《经济研究》2011 年第 2 期。

张成、于同申、郭路：《环境规制影响了中国工业的生产率吗——基于 DEA 与协整分析的实证检验》，《经济理论与经济管理》2013 年第 3 期。

张连辉、赵凌云：《1953—2003 年间中国环境保护政策的历史演变》，《中国经济史研究》2007 年第 4 期。

张嫚：《环境规制约束下的企业行为》，经济科学出版社 2006 年第 3 版。

张平淡：《中国环保投资的就业效应：挤出还是带动?》，《中南财经政法大学学报》2013 年第 1 期。

张先锋、王瑞：《环境规制、产业变动的双重效应与就业》，《经济经纬》2015 年第 7 期。

张亚斌：《工资变动影响中国制造业出口部门就业的机理分析》，《中国人口科学》2006 年第 5 期。

张亚斌、唐卫：《环境规制、FDI 与出口贸易结构升级》，《商业研究》2011 年第 6 期。

张艳、潘文慧、朱影：《我国环境保护经济政策的演变及未来走向》，《世界经济文汇》2000 年第 1 期。

章秀琴、张敏新：《环境规制对中国环境敏感性产业出口竞争力影响的实证分析》，《国际贸易问题》2012 年第 5 期。

赵红：《环境规制对产业技术创新的影响——基于中国面板数据的实证分析》，《产业经济研究》2008 年第 3 期。

赵连阁、钟搏、王学渊：《工业污染治理投资的地区就业效应研究》，《中国工业经济》2014 年第 5 期。

赵细康：《环境保护与产业出口竞争力：理论与实证分析》，中国社会科学出版社 2003 年版。

赵玉民、朱方明、贺立龙：《环境规制的界定、分类与演进研究》，《中国人口·资源与环境》2009 年第 6 期。

郑石明、彭芮、高灿玉：《中国环境政策变迁逻辑与展望——基于共词与聚类分析》，《吉首大学学报》（社会科学版）2019 年第 2 期。

植草益：《微观规制经济学》，中国发展出版社 1992 年版。

周宏春、季曦：《改革开放三十年中国环境保护政策演变》，《南京大学学报》（哲学·人文科学·社会科学版）2009 年第 1 期。

周力、朱莉莉、应瑞瑶：《环境规制与贸易竞争优势——基于中国工业行业数据的 SEM 模拟》，《中国科技论坛》2010 年第 3 期。

周灵：《经济发展方式转变视角下的环境规制研究》，《生态经济》2014 年第 8 期。

朱平芳、李磊：《两种技术引进方式的直接效应研究——上海市大中型工业企业的微观实证》，《经济研究》2006 年第 3 期。

Alpay E. , Kerkvliet J. , Buccola S. , Productivity growth and environmental regulation in Mexican and US food manufacturing [J]. American journal of agricultural economics, 2002, 84 (4).

Altman I. , Hunter A. M. , The employment and income effects of cleaner coal: The case of futuregen and rural Illinois [J]. Clean Technologies & Environmental Policy, 2015, 17 (6).

Ball V. E. , Fare R. , Grosskopf S. , Productivity of the US agricultural sector: the case of undesirable outputs [M] //New developments in productivity analysis. University of Chicago Press, 2001.

Ball V. E. , Lovell C. A. K. , Luu H. , Incorporating environmental impacts in the measurement of agricultural productivity growth [J]. Journal of Agricultural and Resource Economics, 2004.

Barbera A. J. , McConnell V. D. , The impact of environmental regulations on industry productivity: direct and indirect effects [J]. Journal of environmental economics and management, 1990, 18 (1).

Baumol W. J., The theory of environmental policy [M]. Cambridge university press, 1988.

Berman E., Bui L. T. M., Environmental regulation and productivity: evidence from oil refineries [J]. Review of Economics and Statistics, 2001, 83 (3).

Böcher M., A theoretical framework for explaining the choice of instruments in environmental policy [J]. Forest Policy and Economics, 2012, 16.

Böhringer C., Moslener U., Oberndorfer U, et al. Clean and Productive? Evidence from the German Manufacturing Industry [J]. 2008.

Bovenberg A. L., De Mooij R. A., Environmental levies and distortionary taxation [J]. The American Economic Review, 1994, 84 (4).

Bovenberg A. L., Goulder L. H., Optimal environmental taxation in the presence of other taxes: general-equilibrium analyses [J]. The American Economic Review, 1996, 86 (4).

Bovenberg A. L., Goulder L. H., Environmental taxation and regulation [M]. Handbook of public economics. Elsevier, 2002, 3.

Boyd G. A., McClelland J. D., The impact of environmental constraints on productivity improvement in integrated paper plants [J]. Journal of environmental economics and management, 1999, 38 (2).

Brännlund R., Färe R., Grosskopf S., Environmental regulation and profitability: an application to Swedish pulp and paper mills [J]. Environmental and resource Economics, 1995, 6 (1).

Brannlund R., Productivity and environmental regulations: A long-run analysis of the Swedish industry [J]. 2008 – 02 – 01. http://www. econ. umu. se/DownloadAsset. action, 2008.

Brunnermeier S. B., Cohen M. A., Determinants of environmental innovation in US manufacturing industries [J]. Journal of environmental economics and management, 2003, 45 (2).

Caves D. W., Christensen L. R., Diewert W. E., The economic theory of index numbers and the measurement of input, output, and productivity [J]. Econometrica: Journal of the Econometric Society, 1982.

Charnes A., Cooper W. W., Rhodes E., Measuring the efficiency of decision making units [J]. European journal of operational research, 1978, 2 (6).

Chen S., Härdle W. K., Dynamic activity analysis model-based win-win development forecasting under environment regulations in China [J]. Computational Statistics, 2014, 29 (6).

Chen S. X., The effect of a fiscal squeeze on tax enforcement: Evidence from a natural experiment in China [J]. Journal of Public Economics, 2017, 147.

Chintrakarn P., Environmental regulation and US states' technical inefficiency [J]. Economics letters, 2008, 100 (3).

Coase R. H., The problem of social cost [M]. Classic papers in natural resource economics. Palgrave Macmillan, London, 1960.

Cole M. A., Elliott R. J. R., Determining the trade-environment composition effect: the role of capital, labor and environmental regulations [J]. Journal of Environmental Economics & Management, 2003, 46 (3).

Cole M. A., Elliott R. J. R., Shimamoto K., Industrial characteristics, environmental regulations and air pollution: an analysis of the UK manufacturing sector [J]. Journal of Environmental Economics & Management, 2005, 50 (1).

Cole M. A., Elliott R. J. R., Okubo T., Trade, environmental regulations and industrial mobility: An industry-level study of Japan [J]. Ecological Economics, 2010, 69 (10).

Conrad K., Wastl D., The impact of environmental regulation on productivity in German industries [J]. Empirical economics, 1995, 20 (4).

Copeland B. R., Taylor M. S., Free trade and global warming: a trade theory view of the Kyoto protocol [J]. Journal of Environmental Economics & Management, 2005, 49 (2).

Costantini V., Crespi F., Environmental regulation and the export dynamics of energy technologies [J]. Ecological Economics, 2008, 66 (2).

Davis S. J., Haltiwanger J., Sectoral job creation and destruction responses to oil price changes [J]. Journal of monetary economics, 2001, 48 (3).

Dissou Y., Sun Q., GHG Mitigation Policies and Employment: A CGE Analysis with Wage Rigidity and Application to Canada [J]. Canadian Public Policy, 2013, (39).

Domazlicky B. R., Weber W. L., Does Environmental Protection Lead to Slower Productivity Growth in the Chemical Industry [J]. Environmental and Resource Economics, 2004, 28 (3).

Ederington J., Minier J., Is environmental policy a secondary trade barrier? An empirical analysis [J]. Canadian Journal of Economics, 2003, 36 (1).

Ederington J., Levinson A., Minier J., Footloose and pollution-free [J]. Review of Economics and Statistics, 2005, 87 (1).

Färe R., Grosskopf S., Pasurka, Jr C. A., Accounting for air pollution emissions in measures of state manufacturing productivity growth [J]. Journal of regional science, 2001, 41 (3).

Francesco Testa, Fabio Iraldo, Marco Frey. The Effect of Environmental Regulation on Firms, Competitive Performance: The Case of the Building & Construction Sector in Some EU Regions [J]. Journal of Environmental Management, 2011, (92).

Frankel J. A., Rose A. K., Is trade good or bad for the environment? Sorting out the causality [J] . Review of economics and statistics, 2005, 87 (1) .

Friedlingstein P. , Andrew R. M. , Rogelj J, et al. Persistent growth of CO 2 emissions and implications for reaching climate targets [J] . Nature geoscience, 2014, 7 (10) .

Genia Kostka. Environmental Protection Bureau Leadership at the Provincial Level in China: Examining Diverging Career Backgrounds and Appointment Patterns [J] . Journal of Environmental Policy & Planning, 2013, 15 (1) .

Gollop F. M. , Roberts M. J. , Environmental regulations and productivity growth: The case of fossil-fueled electric power generation [J] . Journal of political Economy, 1983, 91 (4) .

Gray W. B. , Shadbegian R. J. , Pollution abatement costs, regulation, and plant-level productivity [R] . National Bureau of Economic Research, 1995.

Gray W. B. , The cost of regulation: OSHA, EPA and the productivity slowdown [J] . The American Economic Review, 1987, 77 (5) .

Gray W. , Shadbegian R. , Wang C. B. , Do EPA regulations affect labor demand? Evidence from the pulp and paper industry [J] . Journal of Environmental Economics & Management , 2014, 68 (1) .

Greenstone M. , The impacts of environmental regulations on industrial activity: Evidence from the 1970 and 1977 clean air act amendments and the census of manufactures [J] . Journal of political economy, 2002, 110 (6) .

Greenstone M. , List J. A. , Syverson C. , The effects of environmental regulation on the competitiveness of US manufacturing [R] . National Bureau of Economic Research, 2012.

Groom B. , Grosjean P. , Kontoleon A. , et al. Relaxing rural constraints: a 'win-win' policy for poverty and environment in China? [J] . Oxford Economic Papers, 2009, 62 (1) .

Grossman G. M. , Krueger A B. , Environmental impacts of a North American free trade agreement [R] . National Bureau of Economic Research, 1991.

Hamamoto M. , Environmental regulation and the productivity of Japanese manufacturing industries [J] . Resource and energy economics, 2006, 28 (4) .

Hanna R. , Oliva P. , The Effect of Pollution on Labor Supply: Evidence from a Natural Experiment in Mexico City [R] . National Bureau of Economic Research. 2011.

Hansen B. E. , Threshold effects in non-dynamic panels: Estimation, testing, and inference [J] . Journal of econometrics, 1999, 93 (2) .

Hardin G. , The tragedy of the commons [J] . science, 1968, 162 (3859) .

Harris M. N. , Konya L. , Matyas L. , Modelling the impact of environmental regulations on bilateral trade flows: OECD, 1990 – 1996 [J] . World Economy, 2002, 25 (3) .

Helpman E. , Itskhoki O. , Redding S. Inequality and unemployment in a global econom [J] . Econometrica, 2010, 78 (4) .

Hering L. , Poncet S. , Environmental policy and exports: Evidence from Chinese cities [J] . Journal of Environmental Economics & Management, 2014, 68 (2) .

Horbach J. , Rennings K. , Environmental innovation and employment dynamics in different technology fields-an analysis based on the German Community Innovation Survey 2009 [J] . Journal of Cleaner Production, 2013, 57.

Innes R. , Environmental Policy, R&D and the Porter Hypothesis in a Model of Stochastic Invention and Differentiated Product Competition by Domestic and Foreign Firms [J] . The University of Arizona, 2010.

Jaffe A. B. , Palmer K. , Environmental regulation and innovation: a panel data study [J] . Review of economics and statistics, 1997, 79（4）.

Jorgenson D. J. , Wilcoxen P. J. , Environmental regulation and U. S economic growth [J] . The Rand Journal of Economics , 1990, 21（2）.

Jug J. , Mirza D. , Environmental regulations in gravity equations: evidence from Europe [J] . World Economy, 2005, 28（11）.

Justiniano, A. , G. E. Primiceri, and A. Tambalotti. Investment Shocks and Business Cycles [J] . Journal of Monetary Economics, 2010, 57（2）.

Kahn ME. , Mansur ET. Do Local Energy Prices and Regulation Affect the Geographic Concentration of Employment? [J] . Journal of Public Economics, 2013, （101）.

Kneller R. , Manderson E. , Environmental regulations and innovation, activity in UK manufacturing industries [J] . Resource&Energy Economics, 2012, 34（2）.

Kondoh K. , Yabuuchi S. , Unemployment, Environmental Policy, and International Migration [J] . The Journal of International Trade&Economic Development, 2012, 21（5）.

Lanjouw J. O. , Mody A. , Innovation and the international diffusion of environmentally responsive technology [J] . Research policy, 1996, 25（4）.

Lee M. , The effect of environmental regulations: a restricted cost function for Korean manufacturing industries [J] . Environment and Development Economics, 2007, 12（1）.

Leontief W. , Air pollution and the economic structure: Empirical results of input-output comparisons [J] . Input-Output Economics Second Edition, 1972.

Levinson A. , Taylor M. S. , Unmasking the pollution haven effect ［J］ . International economic review, 2008, 49 (1) .

Magat W. A. , Pollution control and technological advance: A dynamic model of the firm ［J］ . Journal of Environmental Economics and Management, 1978, 5 (1) .

Moledina A. A. , Coggins J. S. , Polasky S. , Costello C. Dynamic environmental policy with strategic firms: prices versus quantities ［J］ . Journal of Environmental Economics and Management, 2003, 45.

Mulatu A. , Florax R. J. G. M. , Withagen C. A. A. M. , Report on environmental regulation and competitiveness ［J］ . Journal of Regulatory Economics, 2001, 8 (1) .

Pan H. , Multilevel models in human growth and development research ［D］ . University of London, 1995.

Pethig R. Pollution, welfare, and environmental policy in the theory of comparative advantage ［J］ . Journal of environmental economics and management, 1976, 2 (3) .

Pigou A. C. , The economics of welfare, 1920 ［J］ . McMillan&Co. , London, 1932.

Porter M. E. , "America's green strategy", Scientific American, April. p. 96 ［J］ . 1991.

Porter M. E. , Towards a dynamic theory of strategy ［J］ . Strategic management journal, 1991, 12 (S2) .

Porter M. E. , Van d L C. Green and competitive: Ending the stalemate ［J］ . Harvard Business Review, 1996, 28 (6) .

Porter M. E. , Van der Linde C. Toward a new conception of the environment-competitiveness relationship ［J］ . Journal of economic perspectives, 1995, 9 (4) .

Porter M. E. , Competitive advantage: Creating and sustaining superior performance ［M］. Simon and Schuster, 2007.

Repetto R. , Rothman D. , Faeth P. , et al. Has environmental protection really reduced productivity growth? We need unbiased measures ［M］. World Resources Institute, 1996.

Rhoades D. F. , Offensive-defensive interactions between herbivores and plants: their relevance in herbivore population dynamics and ecological theory ［J］. The American Naturalist, 1985, 125（2）.

Shadbegian R. J. , Gray W. B. , Pollution abatement expenditures and plant-level productivity: a production function approach ［J］. Ecological Economics, 2005, 54（2－3）.

Shimer, R. , A Framework for Valuing the Employment Consequences of Environmental Regulation ［R］ Working Paper, 2013.

Smith J. B. , Sims W. A. , The impact of pollution charges on productivity growth in Canadian brewing ［J］. The Rand Journal of Economics, 1985.

Stephens J. K. , Accounting for Slower Economic Growth: The United States in the 1970s ［J］. Outhern Economic Journal, 1981, 47（4）.

Testa F. , Iraldo F. , Frey M. , The effect of environmental regulation on firms' competitive performance: The case of the building & construction sector in some EU regions ［J］. Journal of environmental management, 2011, 92（9）.

Thomas M. , Climate Change and the Stern Review: an overview and comment from Future in Our Hands Network ［J］. Access at http: //www. chimatecooperation. org/index, php, 2007.

Tobey J. A. , The effects of domestic environmental policies on patterns of world trade: an empirical test ［J］. Kyklos, 1990, 43（2）.

Van Beers C. , Van Den Bergh J. C. J. M. , An empirical multi-country analysis of the impact of environmental regulations on foreign trade flows ［J］. Kyklos, 1997, 50（1）.

Wagner G. , Frick J. , Schupp J. , The German Socio-Economic Panel study (SOEP) -evolution, scope and enhancements [J] . 2007.

Walter I. W. , Ugelow J. , Environmental policies in developing countries [J] . Ambio, 1979, 8 (3) .

Walker, W. R. , "Environmental Regulation and Labor Reallocation: Evidence from the Clean Air Act" [J] . The American Economic Review, 2011, Vol. 101 (3) .

Wheeler David, Hettige Hemamala, Singh Manjula, Pargal Sheoli. Formal and Informal Regulation of Industrial Pollution: Comparative Evidence from Indonesia and the United States [M] .

Xu X. International trade and environmental regulation: time series evidence and cross section test [J] . Environmental and Resource Economics, 2000, 17 (3) .

Yang C. H. , Tseng Y. H. , Chen C P. , Environmental regulations, induced R&D, and productivity: Evidence from Taiwan's manufacturing industries [J] . Resource and Energy Economics, 2012, 34 (4) .